Schriftenreihe des Deutschen Verbandes für
Wasserwirtschaft und Kulturbau e.V. (DVWK)

Heft 82   1988

SCHRIFTEN 82

Statistische Methoden
zu Niedrigwasserdauern
und Starkregen

I.
Statistische Analyse der
Niedrigwasserkenngröße
Unterschreitungsdauer

II.
Studie zur statistischen
Analyse von Starkregen

Kommissionsvertrieb
Verlag Paul Parey
Hamburg und Berlin

1988

Herausgeber:
Deutscher Verband für Wasserwirtschaft und Kulturbau e.V. (DVWK)
Gluckstrasse 2, 5300 Bonn 1, Tel: 0228/631446

CIP—Titelaufnahme der Deutschen Bibliothek

Statistische Methoden zu Niedrigwasserdauern und Starkregen
/ [Hrsg.: Dt. Verb. für Wasserwirtschaft u. Kulturbau e.V.
(DVWK)]. — Hamburg ; Berlin : Parey, 1988
  (Schriftenreihe des Deutschen Verbandes für Wasserwirtschaft und
  Kulturbau e.V. ; H. 82)
  Enth.: 1. Statistische Analyse der Niedrigwasserkenngrösse-
  Unterschreitungsdauer. 2. Studie zur statistischen Analyse von
  Starkregen
  ISBN 3-490-08297-4
NE: 1. enth. Werk; 2. enth. Werk; Deutscher Verband für
  Wasserwirtschaft und Kulturbau: Schriftenreihe des Deutschen ...

ISBN 3-490-08297-4

Das Werk ist urheberrechtlich geschützt. Die dadurch begründeten Rechte, insbesondere die der Übersetzung, des Nachdruckes, des Vortrages, der Entnahme von Abbildungen und Tabellen, der Funksendung, der Mikroverfilmung oder der Vervielfältigung auf anderen Wegen und der Speicherung in Datenverarbeitungsanlagen, bleiben, auch bei nur auszugsweiser Verwertung, vorbehalten. Eine Vervielfältigung dieses Werkes oder von Teilen dieses Werkes ist auch im Einzelfall nur in den Grenzen der gesetzlichen Bestimmungen des Urheberrechtsgesetzes der Bundesrepublik Deutschland vom 9. September 1965 in der Fassung vom 24. Juni 1985 zulässig. Sie ist grundsätzlich vergütungspflichtig. Zuwiderhandlungen unterliegen den Strafbestimmungen des Urheberrechtsgesetzes.
© 1988 Verlag Paul Parey, Hamburg und Berlin, Anschriften: Spitalerstraße 12, 2000 Hamburg 1; Lindenstraße 44-47, 1000 Berlin 61.
Printed in Germany by R. Schwarzbold, 5305 Witterschlick bei Bonn
Umschlaggestaltung: Jan Buchholz und Reni Hinsch, Hamburg

ISSN: 0170-8147 · InterCode: SDVKDJ

VORWORT

Merkblätter, Richtlinien und Normen entbinden den Praktiker von langwierigen grundsätzlichen Untersuchungen, die notwendig wären, wollte er seine Annahmen, Bemessungsgrößen und Entscheidungen jedesmal im Detail ableiten und begründen. Sie führen darüberhinaus zu einer einheitlichen Sprachregelung, zu einer wünschenswerten Vergleichbarkeit und Übertragbarkeit von Ergebnissen und oftmals zu einer Kontrolle der Effektivität. Sie engen allerdings auch den Handlungsspielraum auf ein juristisch nachvollziehbares Maß ein und lassen die Hintergründe der Vorgaben kaum mehr erkennen und aufgrund ihres vorschreibenden Charakters keine Abweichung und Sonderfälle mehr zu. Dies ist immer dann unzureichend und unbefriedigend, wenn bei der zu behandelnden Aufgabe und Planung ihrer Besonderheit oder Größenordnung wegen eine detailliertere Begründung wünschenswert und Kreativität der Verantwortlichen gefordert ist. Genauere Kenntnisse der Zusammenhänge, Voraussetzungen, Grundlagen und die Einbindung in das Fachgebiet sind dann gefragt.

Die hier vorgelegte Publikation kommt diesem Wunsch nach und stellt Details in zwei Teilbereichen der angewandten Hydrologie vor: Der Analyse von Starkregen und von Niedrigwasserdauern. Zur Starkregenauswertung ist die entsprechende Regel bereits erschienen (Niederschlag - Starkregenauswertung nach Wiederkehrzeit und Dauer, DVWK-Regeln, Heft 124/1985, Verlag Paul Parey), zur Analyse von Niedrigwasserdauern ist sie in Vorbereitung.

Der aufmerksame Leser wird feststellen können, daß mit den Vorschlägen zur Analyse der Niedrigwasser Neuland betreten worden ist, das die auf die herkömmliche "Dauerlinie" orientierte Betrachtungsweise überschreitet. Neue Möglichkeiten sind geprüft und bewertet worden. Im Hinblick auf die kritische Aufmerksamkeit, die der Gewässergüte wegen mehr und mehr der Niedrigwassercharakteristik gewidmet wird, sind die Ergebnisse besonders aktuell.

Mit den vorgeschlagenen Methoden zur Starkregenauswertung ist neben der Regel ein weiterer Schritt in Richtung auf die Aktualisierung der "Regenreihen" von Reinhold vorgezeichnet. Es werden Hinweise, Anleitungen und Erläuterungen gegeben, die die Vorgaben der Regel 124 begründen und es ermöglichen, die Beziehung zwischen Menge, Dauer und Häufigkeit von Punktniederschlägen anhand von Meßwerten zu ermitteln, so lange keine generalisierenden Vorgaben vorhanden sind.

Beide Publikationen sind im Rahmen von Fachausschußtätigkeiten des DVWK entstanden und ich sage den Autoren und Mitarbeitern der Fachausschüsse 1.1 "Niederschlag" und 1.3 "Niedrigwasser" hiermit herzlichen Dank für ihre ehrenamtliche und verantwortungsbewußte Arbeit.

Darüberhinaus bin ich überzeugt, daß mit diesen Arbeiten die fachliche Diskussion weiter belebt und der Nutzen der vorgeschlagenen Methoden und Verfahren deutlich wird. Der praktischen Anwendung ist ein guter Dienst erwiesen worden.

Neubiberg, im Dezember 1987   H.-B. Kleeberg

Während der Bearbeitung der vorliegenden Berichte wirkten in den Fachausschüssen als Mitglieder oder Gäste mit:

FACHAUSSCHUSS "NIEDRIGWASSER"

BELKE, Detlef, Dr.-Ing., Institut für Wasserbau, Technische Hochschule, Darmstadt

BRANDT, Thiele, Dr.-Ing., Ingenieurbüro Brandt-Gerdes-Sitzmann, Darmstadt

KOEHLER, Gero, Prof. Dr.-Ing., FG Wasserbau und Wasserwirtschaft, Universität Kaiserslautern, Kaiserslautern

MEIER, Rupert C., Dr.-Ing., Rhein-Main-Donau AG, Wasser- und Schiffahrtsamt, Nürnberg

PRELLBERG, Dieter, Dr.-Ing., Landesamt für Wasserwirtschaft Rheinland-Pfalz, Mainz

SCHRÖDER, Ralph C.M., Prof. Dr.-Ing., Institut für Wasserbau, Technische Hochschule, Darmstadt (Obmann)

TÄUBERT, Ulrich, Dr.-Ing., Vereinigte Elektrizitätswerke Westfalen AG, Dortmund

TEUBER, Wilfried, Dr.-Ing., BOR, Bundesanstalt für Gewässerkunde, Koblenz (Stellv. Obmann)

FACHAUSSCHUSS "NIEDERSCHLAG"

BARTELS, Hella, Dipl.-Meteorologin, RD, Deutscher Wetterdienst, Zentralamt, Offenbach

DEISENHOFER, Eckhard, RD, Bayer. Landesamt für Wasserwirtschaft, München

DRASCHOFF, Rainer, Prof. Dr.-Ing., Fachhochschule Lippe, Abt. Detmold, Detmold (Stellv. Obmann)

GROBE, Bernd, Dr.-Ing., Leichtweiß-Institut, Technische Universität, Braunschweig (bis 1987)

HOFFMANN, Dietrich, Ltd. Forstdirektor, Forstdirektion, Koblenz

RIEDL, Johann, Dipl.-Ing., RD, Deutscher Wetterdienst, Meteorologisches Observatorium, Hohenpeißenberg

ROTHER, Karl-Heinz, Dr.-Ing., OBR, Ministerium für Umwelt und
    Gesundheit Rheinland-Pfalz, Mainz

STALMANN, Volker, Dr.-Ing., Abteilungsleiter, Emschergenossen-
    schaft, Essen (Obmann)

VERWORN, Hans Reinhard, Dr.-Ing., Institut für Wasserwirtschaft,
    Hydrologie und landwirtschaftlichen Wasserbau, Universität,
    Hannover

INHALT		SEITE
VORWORT		V
ABSTRACT		XVII

I.	STATISTISCHE ANALYSE DER NIEDRIGWASSER-KENNGRÖSSE "UNTERSCHREITUNGSDAUER" Fachausschuß "Niedrigwasser"	1
1	EINLEITUNG	3
2	PROBLEMSTELLUNG	3
2.1	Definition der Niedrigwasserkenngrößen	4
2.2	Datenmaterial	8
2.3	Zusammenhang der verschiedenen Niedrigwasserkenngrößen	8
2.4	Abgrenzung zu anderen hydrologischen Untersuchungsmethoden	9
2.4.1	Auswertung der Dauerlinie	9
2.4.2	Zeitreihensimulation	10
3	AUSGEWÄHLTE PEGELSTELLEN	10
3.1	Benennung	10
3.2	Beschreibung und charakteristische Werte	11
3.2.1	Pegel Maxau/Rhein	11
3.2.2	Pegel Zell/Wiese	14
3.2.3	Pegel Herzlake/Hase	16
4	STICHPROBENGEWINNUNG UND STATISTISCHE AUSWERTUNG	19
4.1	Methodische Vorgehensweise	19
4.2	Unterschreitungsdauer D als Stichprobenelement	23
4.2.1	Direkte Auswertung für vorgegebenen Schwellenwert (Verfahren Ia)	23
4.2.1.1	Jährliche Serie	23
4.2.1.2	Partielle Serie	26
4.2.1.3	Datentransformation	30
4.2.1.4	Gestutzte Serie	30
4.2.2	Gestutzte Serie für mehrere Schwellenwerte (Verfahren Ib)	32

SEITE

4.3	Schwellenwert Q_s als Stichprobenelement	35
4.3.1	Vorgabe der Unterschreitungsdauer D (Verfahren IIa)	35
4.3.1.1	Beschreibung des Verfahrens	35
4.3.1.2	Anwendung des Verfahrens	38
4.3.2	Vorgabe unterschiedlicher Schwellenwerte Q_s (Verfahren IIb)	38
4.3.2.1	Beschreibung des Verfahrens	38
4.3.2.2	Anwendung des Verfahrens	39
4.3.3	Regression zwischen Q_s und D (Verfahren IIc)	41
4.3.3.1	Beschreibung des Verfahrens	41
4.3.3.2	Anwendung des Verfahrens	45
4.4	Bewertung der Verfahren	47
5	UNTERSCHREITUNGSDAUERN VON NIEDRIGWASSER-ABFLÜSSEN AUS ABFLUSSDAUERZAHLEN	53
6	ZUSAMMENFASSUNG	60
7	SCHRIFTTUM	62
II.	STUDIE ZUR STATISTISCHEN ANALYSE VON STARKREGEN	63
	von Rainer Draschoff	
1	BEMERKUNGEN ZUM NIEDERSCHLAGSPROZESS UND ZUR DEFINITION VON STARKREGEN	65
2	WASSERWIRTSCHAFTLICHE FRAGESTELLUNG	67
2.1	Einführung	67
2.2	Konzeption der statistischen Starkregenanalyse zur Ermittlung der Dauer-Häufigkeitsbeziehungen	69
3	DATENSERIEN DER STATISTISCHEN STARKREGENANALYSE	73
3.1	Allgemeine Hinweise	73
3.2	Die vollständige Serie	74
3.3	Die partielle Datenserie	75
3.4	Die jährliche Datenserie	77
3.5	Mathematischer Zusammenhang zwischen korrespondierenden jährlichen und partiellen Datenserien	80

		SEITE
4	STATISTISCHE VERTEILUNGSFUNKTIONEN UND PARAMETERSCHÄTZUNG	82
4.1	Häufigkeitsbegriff und Kenngrößen der Verteilungsfunktionen	82
4.2	Verteilungsfunktionen zur Anpassung jährlicher Datenserien	88
4.2.1	Extremal-I-Verteilung	88
4.2.2	Pearson-3-Verteilung bzw. Log-Pearson-3-Verteilung	94
4.2.2.1	Pearson-3-Verteilung	94
4.2.2.2	Log-Pearson-3-Verteilung	96
4.2.3	Log-Normal-Verteilung	97
4.3	Verteilungsfunktionen zur Anpassung partieller Datenserien	99
4.3.1	Exponential-Verteilung	100
4.3.2	Pearson-3-Verteilung	102
4.4	Statistischer Vertrauensbereich der Merkmalsschätzung	103
5	ERMITTLUNG DER DAUER-HÄUFIGKEITSBEZIEHUNGEN	106
5.1	Geeignete funktionale Zusammenhänge für den regressiven Ausgleich der statistischen Parameter über die Dauerstufen	106
5.1.1	Allgemeine Hinweise	106
5.1.2	Regressionsfunktionen mit zwei freien Koeffizienten	110
5.1.3	Regressionsfunktionen mit drei freien Koeffizienten	112
5.2	Mathematische Beschreibung der Starkregen als Funktion von Dauer und Häufigkeit	116
5.3	Ergänzende Hinweise zu den Dauer-Häufigkeitsbeziehungen	120
5.3.1	Korrektur bei äquidistanten Grundintervallen	120
5.3.2	Zusammenführung der Dauerstufenbereiche	122
5.3.3	Zur Interpretation und praktischen Verwendung der Dauer-Häufigkeitsbeziehungen	123
6	ZUSAMMENSTELLUNG DER VERWENDETEN FORMELZEICHEN	125
7	SCHRIFTTUM	126

VERZEICHNIS DER BILDER UND TAFELN

I. STATISTISCHE ANALYSE DER NIEDRIGWASSER-KENNGRÖSSE "UNTERSCHREITUNGSDAUER"

BILD		SEITE
1	Niedrigwasserkenngrößen D und V	6
2	Mittlere tägliche Abflüsse am Pegel Maxau/Rhein	12
3	Mittlere tägliche Abflüsse am Pegel Zell/Wiese	15
4	Mittlere tägliche Abflüsse am Pegel Herzlake/Hase	17
5	Monatliche Abflußspenden und Abflüsse	18
6	Übersicht der Verfahren I und II	20
7	Beispiel zur Überhangregelung	23
8	Stichprobengewinnung für festen Schwellenwert	24
9	Histogramme von maxD für unterschiedliche Schwellenwerte (Maxau/Rhein 1922-1975)	25
10	Histogramme von maxD für partielle Serie (Maxau/Rhein 1922-1975)	27
11	Kurzzeitige Unterbrechung einer Niedrigwasserperiode	28
12	Beziehung $D = f(Q_s, T_n)$	32
13	Statistische Analyse von maxD mit gestutzter Serie	33
14	Statistische Analyse von ΣD mit gestutzter Serie	34
15	Stichprobenermittlung der Variablen Q_s bei Vorgabe von D	36
16	Wertepaare $Q_s(D)$ für einen Zeitabschnitt ZA mit unterer Hüllkurve	37
17	Extrapolierter Schwellenwert Q_s in Abhängigkeit von der Unterschreitungsdauer D für eine Wiederholungszeitspanne T_n und eine Verteilungsfunktion	40
18	Regressionsbeziehungen zwischen Schwellenwert Q_s und maximaler Unterschreitungsdauer maxD	43

		SEITE
19	Extrapolierte Schwellenwerte Q_s in Abhängigkeit von der Unterschreitungsdauer D für eine Wiederholungszeitspanne T_n für eine Verteilungsfunktion und unter Verwendung einer Regressionsbeziehung $Q_s = f(D)$	45
20	Maxau/Rhein 1922-1974, Ergebnisse der statistischen Analyse ΣD und maxD (Verfahren IIb, Log-Pearson 3-Verteilung, T_n = 2N Jahre)	50
21	Herzlake/Hase 1940-1972, Ergebnisse der statistischen Analyse ΣD und maxD (Verfahren IIb, Log-Pearson 3-Verteilung, T_n = 2N Jahre)	51
22	Zell/Wiese 1928-1971, Ergebnisse der statistischen Analyse ΣD und maxD (Verfahren IIb, Log-Pearson 3-Verteilung, T_n = 2N Jahre)	52
23	Dauerlinien und ihre Grenzwerte	54
24	Maxau/Rhein 1922-1974, statistische Analyse ΣD für verschiedene T_n und Vergleich mit Dauerlinien	57
25	Herzlake/Hase 1940-1972, statistische Analyse ΣD für verschiedene T_n und Vergleich mit Dauerlinien	58
26	Zell/Wiese 1928-1971, statistische Analyse ΣD für verschiedene T_n und Vergleich mit Dauerlinien	59

TAFEL

1	Hauptwerte der Abflüsse	13
2	Niedrigwasserereignisse in Maxau bei $Q_s = 585 \text{ m}^3/\text{s}$, Beobachtungsreihe 1891-1976	29
3	Schwellenwerte Q_s mit zugehörigen Unterschreitungsdauern D	38
4	Gemäß den Regressionsbeziehungen berechnete Schwellenwerte Q_s [m^3/s] in Abhängigkeit von der längsten Unterschreitungsdauer maxD am Pegel Herzlake/Hase für 1962	44

II. STUDIE ZUR STATISTISCHEN ANALYSE VON STARKREGEN

BILD		SEITE
1	Regressiver Zusammenhang der statistischen Parameter verschiedener Dauerstufen	72
2	Partielle Serie als Teil einer vollständigen Datenserie	75
3	Typische Dichteverteilung jährlicher Extremwerte	78
4	Beziehung der jährlichen Überschreitungshäufigkeiten zwischen korrespondierenden jährlichen und partiellen Datenserien	83
5	Charakteristische Häufigkeitsverteilungen von Starkregen-Datenserien	84
6	Definition der Überschreitungswahrscheinlichkeit	86

TAFEL

1	Normierte Verteilungsfunktion der Extremal-I-Verteilung	128
2	Normierte Normalverteilung (parameterfrei), Unterschreitungswahrscheinlichkeit P in Abhängigkeit vom Häufigkeitsfaktor K	129
3	Normierte Pearson 3-Verteilung, Unterschreitungswahrscheinlichkeit P in Abhängigkeit von Schiefe C_s und Häufigkeitsfaktor K	130
4	Grenzwerte $t(\alpha)$ der Student-Verteilung zur Irrtumswahrscheinlichkeit α (zweiseitig) für verschiedene Freiheitsgrade f	131
5	Koeffizientenbestimmung zum regressiven Ausgleich nach der Methode der kleinsten Quadrate	132

ZUSAMMENFASSUNGEN

TEIL I: STATISTISCHE ANALYSE DER NIEDRIGWASSERKENNGRÖSSE
UNTERSCHREITUNGSDAUER

Der Fachausschuß "Niedrigwasser" im Deutschen Verband für Wasserwirtschaft und Kulturbau befaßt sich mit der Analyse von Niedrigwasserereignissen. Eine erste Publikation erschien unter dem Titel "Statistische Untersuchung des Niedrigwasserabflusses" im Jahre 1983 als DVWK-Regel. Die vorliegende Arbeit befaßt sich mit einem zweiten statistischen Merkmal, nämlich der Niedrigwasserdauer, eine kennzeichnende Größe mit einer für viele wasserwirtschaftliche Fragen entscheidenden Bedeutung. Von Interesse ist dabei sowohl die Unterschreitungsdauer eines Abflußschwellenwertes (oder auch Wasserstandsschwellenwertes) als auch die Summe der Unterschreitungsdauern eines Jahres. Durch Auswertung täglicher Abflußdaten mehrerer Pegel deutscher Flüsse werden Stichproben gewonnen, die nach Anpassung an gegebene Verteilungsfunktionen Extremwertprognosen für Niedrigwasserdaten ermöglichen. Probleme der Abgrenzung und Zuordnung von Niedrigwasserdauern sowie die Behandlung von Trockenperioden ohne Abflüsse werden diskutiert. Aus der Vielzahl getesteter Verteilungsfunktionen wird die Log-Pearson 3-Verteilung als besonders geeignete ausgewählt. Es besteht die Absicht, nach Einführung und Erprobung der statistischen Größen zur Beschreibung von Niedrigwasserereignissen eine weitere DVWK-Regel über Niedrigwasserdauern herauszugeben.

Teil II: STUDIE ZUR STATISTISCHEN ANALYSE VON STARKREGEN

Die Studie entstand begleitend während der Erarbeitung der DVWK-Regel 124/1985 "Niederschlag - Starkregenauswertung nach Wiederkehrzeit und Dauer" im DVWK-Fachausschuß "Niederschlag".

Sie befaßt sich mit der zielgerichteten Auswertung von Niederschlagszeitreihen nach dem Merkmal Starkregenhöhe in Abhängigkeit von Dauer und jährlicher Überschreitungshäufigkeit.

Es werden die beiden Verfahrensstufen: 1.) Ermittlung der Verteilungsfunktion von Starkregenhöhen für vorgegebene Dauer und 2.) Bestimmung von Regressionsbeziehungen zum mathematischen Ausgleich der statistischen Parameter über die Dauerstufen konsequent erläutert. Eine kleine für die praktische Analyse der Starkregen geeignete Auswahl an Verteilungsfunktionen wird einschließlich der Parameterbestimmung und Abschätzung des Vertrauensbereiches detailliert beschrieben.

Besonderes Gewicht haben Extremalverteilung für die Anpassung jährlicher Starkregenserien und Exponentialverteilung für die Anpassung partieller Starkregenserien. Die Korrespondenz beider Typen von Extremwert-Datenserien wird verdeutlicht.

Für die 2. Verfahrensstufe werden Regressionsansätze mit zwei und drei freien aus den Daten bestimmbaren Koeffizienten diskutiert und der Lösungsalgorithmus zur Koeffizientenbestimmung nach der Methode der kleinsten Quadrate skizziert.

Aus der Kopplung der beiden Verfahrensstufen wird beispielhaft die mathematische Formulierung der Dauer-Häufigkeitsbeziehungen von Starkregen angegeben.

ABSTRACTS

PART I: STATISTICAL ANALYSIS OF A CHARACTERISTIC VALUE FOR
LOW DISCHARGES: DURATION OF DECREASE

The Working Group "Low Discharge" of the "Deutscher Verband für Wasserwirtschaft und Kulturbau" (German Association for Water Resources and Land Improvement) analyses the low discharges of rivers and creeks. A first publication appeared as DVWK publication 120/1983 under the title "Statistische Untersuchung des Niedrigwasserabflusses" (Statistical investigations of low discharges) and was published as a DVWK Water Management Standard. The present study deals with a specific statistical characteristic value, i.e. the duration of decrease, which is of decisive importance to many water management tasks. Two parameters are of particular interest: the duration of decrease below a certain discharge limit value (probably also below a certain water level limit value) as well as the annual sum of duration of decrease. By evaluating the daily discharge data of several water level gauges on German rivers, samples are obtained which have been adapted to given distributions of probability to estimate extreme values for the duration of low discharges. Problems arising in delimiting and assigning the low discharge duration as well as the treatment of dry periods are being discussed. From the host of tested distributions the Log-Pearson 3-distribution is chosen as being particularly appropriate. It is intended to publish another DVWK Water Management Standard on this subject after the chosen characteristic statistical value for the description of low discharges events has been introduced and tested.

PART II: STUDY ON STATISTICAL ANALYSIS OF HEAVY RAINFALLS

The study deals with the evaluation of time series of precipitation to define the rainfall quantity in relation to duration and annual frequency of increase.

The two stages of procedure are systematically explained:
1. identify the distribution of probability for heavy rainfalls for given periods and 2. adapt the statistical parameters by means of the least square method. A detailed description is given of a selection of distributions suited for the practical analysis of heavy rainfalls, including the determination of parameters and the assessment of the confidence interval.

The Gumbel distribution fits especially in case of annual series of heavy rainfall, the exponential distribution is suitable in case of partial series. It is shown that the two types of data series of extreme values correspond.

For the 2nd stage of procedure there are regression approaches with two and three free coefficients discussed. The regression of the statistical parameters is determined by using the least square method.

Linking the two stages of procedure finally yields the mathematical model formulation for the relations between the duration and frequency of heavy rainfall.

I.

Statistische Analyse der Niedrigwasserkenngröße Unterschreitungsdauer

DVWK-Fachausschuß "Niedrigwasser"

1 EINLEITUNG

Der DVWK-Fachausschuß "Niedrigwasser" beabsichtigt, den in [1] veröffentlichten Teil 1 seiner Empfehlungen zur Niedrigwasseranalyse "Statistische Untersuchung des Niedrigwasser-Abflusses" möglichst bald durch Teil 2 "Statistische Untersuchung der Niedrigwasserdauer" zu ergänzen. Die Arbeiten an diesem Projekt haben gezeigt, daß vorab eine Sichtung der in Frage kommenden Möglichkeiten und Verfahren zur Analyse von Niedrigwasserdauern notwendig ist. Geeignete Ansätze waren zum Teil überhaupt erst zu entwickeln. Eine ausführliche Darstellung der Ergebnisse dieser Untersuchungen ist zum Verständnis der vorgesehenen Empfehlung erforderlich, würde deren Rahmen aber sprengen. Daher wird eine diesbezügliche Zusammenstellung hiermit veröffentlicht und zur Diskussion gestellt. Der Fachausschuß hofft auf Stellungnahmen und einschlägige Erfahrungsberichte aus der Leserschaft, die bei der Formulierung einer Empfehlung auf der Basis des bisher Erarbeiteten nützlich wären.

Neben dem in [1] behandelten statistischen Merkmal NMxQ ist die Niedrigwasserdauer D eine zweite, das Ereignis Niedrigwasser kennzeichnende Größe mit einer für viele wasserwirtschaftliche Fragen entscheidenden Bedeutung. Von Interesse ist dabei sowohl die Dauer maxD der Unterschreitung eines Abfluß-Schwellenwertes (oder Wasserstands-Schwellenwertes) als auch ΣD als Summe der Unterschreitungsdauern in einem Zeitabschnitt (meist ein Jahr). Die nachstehend ausführlich geschilderten Untersuchungen zeigen die Schwierigkeiten auf, die sich bei der statistischen Einordnung der Niedrigwasserkenngröße "Unterschreitungsdauer" ergeben haben.

2 PROBLEMSTELLUNG

Die wasserwirtschaftliche Nutzung und der Schutz der Gewässer setzen eine möglichst genaue Kenntnis des Abflußregimes voraus. Dies gilt vor allem für die Zeiten mit geringen Abflüssen oder Wasserständen, weil dann die Nutzung oft nur mit besonderer

Sorgfalt oder unter Einschränkungen möglich ist und der Schutz des Gewässerbiotops erhöhte Aufmerksamkeit verlangt.

Niedrigwasserereignisse werden durch die Ganglinien des Wasserstandes $W(t)$ oder des Abflusses $Q(t)$ eindeutig dargestellt. Für die quantitative Analyse von Niedrigwasserereignissen müssen aus den Ganglinien einzelne Merkmale gewonnen werden. Dabei handelt es sich immer um Werte für Abfluß oder Wasserstand mit zugehöriger Zeitangabe. Aus der Kombination dieser Werte sind verschiedene Niedrigwasserkenngrößen zu definieren.

2.1 Definition der Niedrigwasserkenngrößen

Nach [1] sind insbesondere drei Kenngrößen geeignet, Niedrigwassermerkmale zu beschreiben:

- mittlerer Abfluß oder Wasserstand während des Ereignisses für eine festzulegende Zahl aufeinanderfolgender Tage,

- Dauer der Unterschreitung eines festzulegenden Abfluß- oder Wasserstands-Schwellenwertes und

- Abflußdefizit, das heißt Volumen zwischen Niedrigwasser-Abflußganglinie $Q(t)$ und einem festzulegenden Schwellenwert.

Für statistische Analysen müssen aus der Ganglinie $Q(t)$ oder $W(t)$ Elemente der genannten Niedrigwasserkenngrößen ermittelt werden. Sie bilden die Stichproben für die Analyse. Entsprechend der jeweiligen wasserwirtschaftlichen Fragestellung entstammen diese Elemente einem bestimmten

Zeitabschnitt ZA.

Der Zeitabschnitt ZA beträgt häufig ein Jahr, kann jedoch auch einen kürzeren Zeitraum umfassen, zum Beispiel die Vegetationsperiode bei Bewässerungsmaßnahmen oder die Fremdenverkehrssaison bei Nutzung des Gewässers für Freizeit und Sport.

Unabhängig davon ist der

B e z u g s z e i t r a u m   B Z

zu sehen, der angibt, welchen zeitlichen Abstand die Anfänge
der Zeitabschnitte ZA haben (siehe Bild 1).

Da das natürliche Abflußverhalten oberirdischer Gewässer einen
ausgeprägten Jahresgang aufweist und die Angabe von Wahrscheinlichkeiten jahresbezogen erfolgt, ist BZ gleich ein Jahr zu
setzen.

Für die Niedrigwasserkenngrößen gelten dann die folgenden
Definitionen:

- Niedrigwasserabfluß
  NMxQ in m^3/s Niedrigstes arithmetisches Mittel von
  x aufeinander folgenden Tageswerten
  des Abflusses innerhalb des Zeitabschnittes ZA.

- Dauer der Unterschreitung eines Schwellenwertes (siehe Bild 1)
  maxD in Tagen   Längste Unterschreitungsdauer eines
  Schwellenwertes Q_s innerhalb des Zeitabschnittes ZA.

  Σ D in Tagen   Summe aller Unterschreitungsdauern
  eines Schwellenwertes Q_s innerhalb des
  Zeitabschnittes ZA.

- Abfluß-Defizit (siehe Bild 1)
  maxV in m^3 Größte Fehlmenge zwischen Schwellenwert Q_s und Ganglinie Q(t) innerhalb
  des Zeitabschnittes ZA.

  Σ V in m^3 Summe aller Fehlmengen zwischen Schwellenwert Q_s und Ganglinie Q(t) innerhalb des Zeitabschnittes ZA.

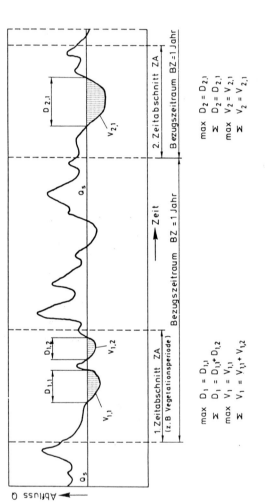

Bild 1: Niedrigwasserkenngrößen D und V

Für den Zeitabschnitt ZA gleich ein Jahr empfiehlt sich eine
Einteilung

vom 1. April bis 31. März

des folgenden Jahres, da extreme Niedrigwasserperioden oft über
den "Jahreswechsel" des Abflußjahres (31.10./01.11.), aber auch
über den des Kalenderjahres hinwegreichen. Es kann jedoch auch
bei der empfohlenen Einteilung nicht ausgeschlossen werden, daß
sich einzelne Niedrigwasserereignisse über den empfohlenen
"Jahreswechsel" (31.03./01.04.) hinziehen. In diesen Fällen ist
eine eindeutige zeitliche Zuordnung der Ereignisse erforderlich.

Gegenstand von [1] war die Kenngröße "Niedrigwasserabfluß NMxQ".
Die Kenngröße "Unterschreitungsdauer" wird im vorliegenden Arbeitsbericht behandelt. Auf den Zusammenhang der Kenngröße "Abflußdefizit" mit den anderen Kenngrößen wird dabei kurz eingegangen.

Die Definition der Kenngröße "Unterschreitungsdauer" legt es
zunächst nahe, folgende Vorgehensweise für die Erzeugung der
Stichprobenelemente einzuschlagen:

- Vorgabe eines Schwellenwertes Q_s

- Ermittlung der zugehörigen Unterschreitungsdauern D für jeden
  Zeitabschnitt ZA
  a) längste Unterschreitungsdauer (maxD)
  b) Summe aller Unterschreitungsdauern (ΣD)

- Annahme eines neuen Schwellenwertes Q_s und Wiederholung der
  Ermittlungsprozedur.

Aus dieser Vorgehensweise ergeben sich aber eine Reihe von Problemen. Zum Beispiel können viele Stichprobenelemente den Wert
Null annehmen, weil die bei Extremwertbetrachtungen interessierenden Schwellenwerte deutlich niedriger liegen können als der

Niedrigwasserabfluß in einzelnen Jahren. Es ist also ein Schwellenwertbereich zu analysieren, der nicht in allen Beobachtungsjahren unterschritten wird. Lösungswege zur Vermeidung dieser Schwierigkeiten werden in Abschnitt 4 aufgezeigt.

2.2 Datenmaterial

Für die Zuverlässigkeit von statistischen Analysen ist der Stichprobenumfang, bei jährlichen Serien also der Beobachtungszeitraum, von entscheidender Bedeutung. Dieser sollte bei der Auswertung von Niedrigwasserereignissen zwanzig bis dreißig Jahre nicht unterschreiten.

Grundlage für die statistische Analyse sind mittlere tägliche Abflüsse oder Wasserstände.

Beeinträchtigungen der Meßwertqualität müssen soweit wie möglich reduziert werden. Die Abflüsse im Niedrigwasserbereich können kurzfristig durch besondere Vorkommnisse und längerfristig oder dauerhaft durch Maßnahmen im Einzugsgebiet so beeinflußt sein, daß inhomogene Daten entstehen. Verfälschungen kommen zum Beispiel bei Veränderungen der Abflußkurve infolge von Querschnittsverlagerungen, Verkrautungen usw. vor. Außerdem führen vorübergehender Rückhalt von Stauanlagen, Abgaben aus Speichern und ähnliche Vorgänge zu Störungen. Längerfristige Einflüsse haben zum Beispiel neu erteilte oder erloschene Wasserrechte zur Entnahme und Einleitung, Baumaßnahmen größeren Ausmaßes im Einzugsgebiet, Bau von Kanalisationen und Kläranlagen.

2.3 Zusammenhang der verschiedenen Niedrigwasserkenngrößen

Die Durchführung und Interpretation der Niedrigwasseranalyse für die Kenngröße NMxQ ist in [1, 2] beschrieben. NMxQ kann rechnerisch mit den übrigen für Niedrigwasserkenngrößen maßgeblichen Parametern in Zusammenhang gebracht werden. Unter der Voraussetzung, daß sich der Niedrigwasserabfluß NMxQ und die längste Unterschreitungsdauer maxD auf das gleiche Ereignis beziehen, kann das Abflußdefizit V durch Multiplikation der Dauer maxD mit der Differenz zwischen dem zugehörigen Schwellenwert Q_s und dem Niedrigwasserabfluß NMxQ mit x = maxD berechnet werden:

$$V = (Q_s(maxD) - NMxQ(x = maxD)) \cdot maxD$$

Mit dem Ansatz

$$Q_s = b \cdot NMxQ$$

ergibt sich daraus:

$$V = (b-1) \cdot NMxQ \cdot maxD$$

Der Koeffizient b wurde in einer Untersuchung für maxD = x = 7 Tage (d), 14 d und 30 d an 12 Pegeln bestimmt. Die oben genannte Voraussetzung, daß NMxQ und Q_s(maxD) dem gleichen Niedrigwasserereignis angehören, traf nach dieser Untersuchung mit zunehmender Dauer D immer weniger zu. Demzufolge waren die Regressionen für D = 7 d als gut, für D = 14 d als befriedigend und für D = 30 d als schlecht zu bezeichnen. Außerdem war b für alle Pegel verschieden. Die Quantifizierung der Verknüpfung zwischen NMxQ und V und Q_s ist deshalb nicht mit der nötigen Genauigkeit möglich.

2.4 Abgrenzung zu anderen hydrologischen Untersuchungsmethoden

2.4.1 Auswertung der Dauerlinie

Die Definition der Niedrigwasserkenngröße "ΣD = Summe aller Unterschreitungsdauern eines Schwellenwertes innerhalb eines Jahres" erinnert an das herkömmliche hydrologische Instrument "Dauerlinie". In jeder Jahresdauerlinie kann für jeden Abfluß Q_s der zugehörige Wert ΣD definitionsgetreu abgelesen werden.

Dieser enge Zusammenhang rechtfertigt ausführliche Überlegungen. Sie werden in Abschnitt 5 vorgenommen.

2.4.2 Zeitreihensimulation

Zeitreihen hydrologischer Daten werden auf der Basis von stochastischen Verfahren simuliert, für die nachzuweisen ist, daß sie die Grundgesamtheit ausreichend genau nachbilden können. Wenn es möglich wäre, beliebig lange synthetische Zeitreihen für Tageswerte mit Jahresrhythmus zu generieren, könnte bei der statistischen Analyse von Niedrigwasserereignissen an die Stelle der Extrapolationsverfahren die einfachere Häufigkeitsanalyse treten. Dabei würden dann lediglich die verschiedenen Niedrigwasserereignisse in der entsprechend langen Zeitreihe gezählt. Aus der Summenhäufigkeitslinie ließe sich dann die Wiederholungszeitspanne eines Ereignisses direkt ablesen.

Synthetische Zeitreihen könnten dann auch als Eingabe für die Simulation des Betriebes wasserwirtschaftlicher Anlagen verwendet werden.

Bisher ist es jedoch nicht gelungen, gesicherte Zeitreihen für Tageswerte zu simulieren. Das Verfahren kann daher noch nicht angewendet werden. Außerdem ist noch nicht geklärt, ob eine solche Zeitreihensimulation nicht zu einem höheren Aufwand als die in dieser Schrift beschriebenen Verfahren führt.

3 AUSGEWÄHLTE PEGELSTELLEN

3.1 Benennung

Für die exemplarisch durchgeführten Untersuchungen wurden Pegel herangezogen, die auch bei den statistischen Untersuchungen des Niedrigwasserabflusses NMxQ berücksichtigt wurden [1]:

    Maxau/Rhein   - Jahresreihe 1922-1974
    Zell/Wiese   - Jahresreihe 1928-1971
    Herzlake/Hase   - Jahresreihe 1940-1972

Die drei Gewässer sollen typische mitteleuropäische Abflußregime repräsentieren: Großes Gewässer mit Hoch- und Mittelgebirgseinfluß (Rhein), kleines süddeutsches Mittelgebirgsgewässer (Wiese) und norddeutsches Flachlandgewässer (Hase).

Es wurden dieselben Jahresreihen verwendet wie in den früheren Untersuchungen. Dadurch sollte die Möglichkeit offengehalten werden, vergleichende Aussagen über das statistische Verhalten der Niedrigwasserabflüsse NMxQ und der Unterschreitungsdauer D zu machen sowie Beziehungen zwischen diesen Werten herzustellen.

3.2 Beschreibung und charakteristische Werte

3.2.1 Pegel Maxau/Rhein

Am Pegel Maxau, 66 km oberhalb der Einmündung des Neckars, hat der Rhein ein Einzugsgebiet von 50.196 km^2. Die Abflußwerte charakterisieren ein Einzugsgebiet mit großem alpinen Anteil. Während das Abflußregime im Winterhalbjahr durch die Abflüsse aus Schwarzwald und Vogesen bestimmt wird, ist das Regime im Sommerhalbjahr maßgeblich durch die Abflüsse aus dem Einzugsgebiet oberhalb Basel beeinflußt. So zeigt die Ganglinie der mittleren täglichen Abflüsse (Bild 2) häufig zwei ausgeprägte Hochwasserspitzen im Jahr und ein starkes Anschwellen der mittleren Abflußwerte im Sommerhalbjahr. Die Niedrigwasserperioden fallen überwiegend in das Winterhalbjahr.

Der Ausbau des Oberrheins hat vor allem ab 1955 zu einer Erhöhung der Hochwasserscheitelabflüsse geführt. Bei der statistischen Analyse von Hochwasserdaten kann daher keine Homogenität vorausgesetzt werden. Dagegen sind Beeinflussungen der Niedrigwasserabflüsse innerhalb der hier untersuchten Zeitreihe statistisch nicht nachweisbar. Für alle nachfolgend dargestellten Untersuchungsverfahren wird daher homogenes Datenmaterial angenommen.

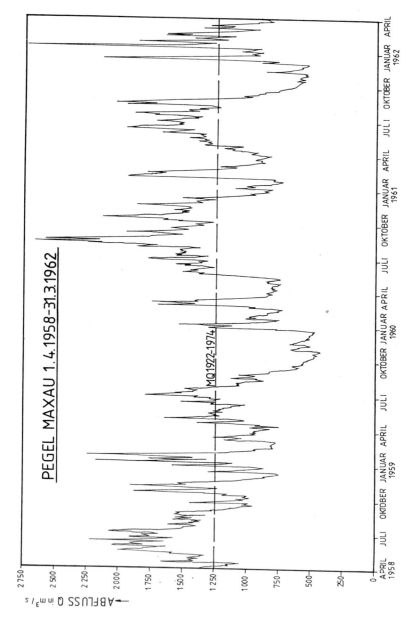

Bild 2: Mittlere tägliche Abflüsse am Pegel Maxau/Rhein

Tafel 1: Hauptwerte der Abflüsse

Pegel Maxau/Rhein Monatliche Hauptwerte der Abflüsse (NQ-MQ-HQ) (CBM/S)
Jahresreihe 1922-1974

	Nov	Dez	Jan	Feb	Mrz	Apr	Mai	Jun	Jul	Aug	Sep	Okt	Winter	Sommer	Jahr
NQ	340.0	382.0	401.0	404.0	396.0	502.0	590.0	676.0	648.0	556.0	492.0	350.0	340.0	350.0	340.0
MNQ	763.7	715.8	716.4	768.6	802.4	983.8	1159.3	1384.2	1360.0	1130.8	932.8	776.6	587.3	732.4	560.3
MQ	1066.0	994.0	1005.6	1068.5	1092.5	1248.5	1425.2	1698.9	1645.0	1435.1	1205.0	1035.9	1079.2	1407.5	1243.3
MHQ	1662.0	1601.8	1649.2	1680.0	1662.0	1683.7	1869.7	2183.2	2099.0	1901.2	1694.8	1546.8	2566.5	2593.4	2920.5
HQ	4330.0	3447.0	4350.0	4400.0	3400.0	3300.0	3990.0	3690.0	3550.0	3159.0	3980.0	3055.0	4400.0	3990.0	4400.0

Pegel Zell/Wiese Monatliche Hauptwerte der Abflüsse (NQ-MQ-HQ) (CBM/S)
Jahresreihe 1928-1971

	Nov	Dez	Jan	Feb	Mrz	Apr	Mai	Jun	Jul	Aug	Sep	Okt	Winter	Sommer	Jahr
NQ	0.5	0.6	1.1	0.4	1.6	2.0	1.0	0.5	0.1	0.1	0.2	0.1	0.4	0.1	0.1
MNQ	3.4	3.7	3.8	4.2	4.7	6.0	3.8	2.6	2.3	2.0	2.0	2.4	2.1	1.3	1.1
MQ	8.9	9.0	10.0	10.0	11.2	12.3	7.9	6.0	5.5	5.2	4.9	6.0	10.2	5.9	8.1
MHQ	31.2	37.2	39.1	35.3	37.7	33.5	24.9	22.1	18.0	21.9	22.2	22.2	74.5	50.5	80.9
HQ	85.9	124.3	128.8	148.8	124.3	127.3	97.5	57.6	72.1	92.4	122.8	66.7	148.8	122.8	148.8

Pegel Herzlake/Hase Monatliche Hauptwerte der Abflüsse (NQ-MQ-HQ) (CBM/S)
Jahresreihe 1940-1972

	Nov	Dez	Jan	Feb	Mrz	Apr	Mai	Jun	Jul	Aug	Sep	Okt	Winter	Sommer	Jahr
NQ	3.8	2.2	3.0	2.0	2.0	4.9	2.6	2.2	1.9	1.6	1.2	1.4	2.0	1.2	1.2
MNQ	10.2	14.0	17.4	18.0	14.6	11.7	8.0	5.8	5.0	5.2	5.7	7.0	7.9	4.1	4.0
MQ	20.9	32.3	35.4	37.0	29.9	23.2	14.3	10.8	12.5	11.1	10.4	13.1	29.8	12.0	20.9
MHQ	43.2	57.8	65.7	60.8	59.7	44.1	30.4	24.4	28.4	24.9	20.6	27.3	91.9	49.6	94.8
HQ	105.0	112.0	142.0	126.0	117.0	89.1	91.6	70.2	93.2	61.9	60.8	68.8	142.0	93.2	142.0

Die Auftragung der monatlichen Hauptwerte der Abflußspenden und Abflüsse (Bild 5) zeigt, daß der mittlere Niedrigwasserabfluß im Winter über alle Monate nahezu konstant ist. Der kleinste Niedrigwasserabfluß NQ wurde mit 340 m^3/s im Jahr 1947 registriert. Während mittlere Niedrigwasserabflüsse und mittlere Abflüsse im Winter- und Sommerhalbjahr jeweils deutlich unterschieden sind, weist Tafel 1 aus, daß der mittlere Hochwasserabfluß im Winter und Sommer etwa gleich groß ist. Der größte Hochwasserabfluß HQ in der untersuchten Zeitreihe wurde mit 4400 m^3/s im Jahr 1970 registriert.

Das Verhältnis von NQ zu MQ beträgt am Pegel Maxau für die untersuchte Jahresreihe rd. 1:4, das Verhältnis von NQ zu HQ 1:13.

3.2.2 Pegel Zell/Wiese

Das Einzugsgebiet der Wiese liegt im südlichen Hochschwarzwald und beträgt bis zum Pegel Zell 209 km^2. An der Einmündung in den Rhein bei Basel hat die Wiese ein Einzugsgebiet von 420 km^2. Das Gebiet bildet eine in sich geschlossene selbständige geologische Einheit (Blauen-Massiv), die vorwiegend Granit aufweist, stellenweise von zerklüftetem Schiefer unterbrochen. Das Tal der Wiese ist oberhalb des Pegels Zell eng und weist steile Hänge auf. Die Nutzung des Einzugsgebietes besteht zu 90 % aus Nadelwäldern, größere Siedlungsflächen sind nicht vorhanden.

Die Ganglinie der mittleren täglichen Abflüsse (Bild 3) zeigt einen für Einzugsgebiete im Mittelgebirge charakteristischen Verlauf: Hochwasserabflüsse können im schroffen Übergang mit Niedrigwasserabflüssen wechseln.

Die monatlichen Hauptwerte der Abflußspenden und Abflüsse (Bild 5) zeigen über das Winterhalbjahr einen kontinuierlichen Anstieg der mittleren Niedrigwasserabflüsse und mittleren Abflüsse, der im Mai sprunghaft abfällt und dann kontinuierlich über das Sommerhalbjahr abnimmt. Im Mittel sind nach Tafel 1 der Niedrigwasserabfluß und auch der Abfluß im Winterhalbjahr

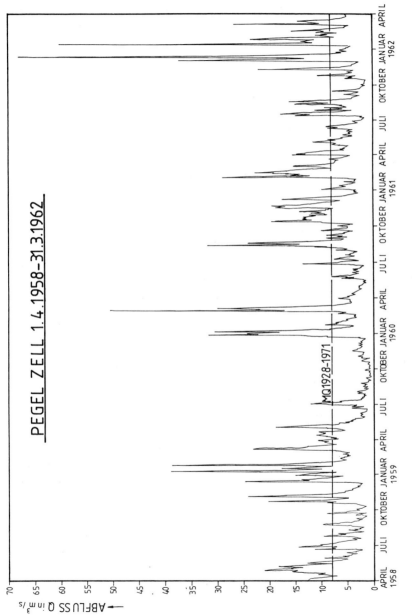

Bild 3: Mittlere tägliche Abflüsse am Pegel Zell/Wiese

nahezu doppelt so groß wie im Sommerhalbjahr. Der kleinste Niedrigwasserabfluß trat mit 0,04 m^3/s im Jahr 1949 auf, der größte Hochwasserabfluß innerhalb der hier untersuchten Zeitreihe mit 148,8 m^3/s im Jahr 1957.

Das Verhältnis von NQ zu MQ beträgt am Pegel Zell 1:200, das Verhältnis von NQ zu HQ beträgt 1:3720.

3.2.3 Pegel Herzlake/Hase

Das Einzugsgebiet der Hase, dem bedeutendsten Nebenfluß der Ems, hat am Pegel Herzlake eine Größe von 2218 km^2. Bei einer Gebietsgröße von rd. 60 km^2 wird durch die Hasegabelung (Bifurkation) im Mittel etwa ein Drittel des Abflusses zum Wesergebiet abgeleitet. Während das Quellgebiet der Hase im Teutoburger Wald auf einer Höhe von rd. 300 m üNN noch dem Mittelgebirgsbereich zuzurechnen ist, verläuft die Hase im übrigen in weitflächigen Talniederungen des norddeutschen Flachlandes. Das obere Drittel des Einzugsgebietes ist geprägt durch dichte Besiedlung und Industriestandorte. Im übrigen Bereich ist die Landwirtschaft vorherrschend.

Die Ganglinie der mittleren täglichen Abflüsse (Bild 4) zeigt die für Flachlandgewässer charakteristische Häufung von Hochwässern im Winter sowie teilweise ausgeprägte Niedrigwasserzeiten im Sommer.

Die monatlichen Hauptwerte der Abflußspenden und Abflüsse (Bild 5) zeigen im Winterhalbjahr einen Anstieg der mittleren Niedrigwasserabflüsse und mittleren Abflüsse bis zum Februar und dann einen starken Abfall bis zum Mai. Im Sommerhalbjahr sind die mittleren Abflüsse im Niedrig- und Mittelwasserbereich nahezu konstant. Für den mittleren Niedrigwasserabfluß, mittleren Abfluß und mittleren Hochwasserabfluß gilt nach Tafel 1, daß die Werte im Winterhalbjahr annähernd doppelt so groß sind wie im Sommerhalbjahr. Der kleinste Niedrigwasserabfluß trat mit 1,2 m^3/s im Jahr 1959 auf, im Jahr 1968 wurde der größte Hochwasserabfluß mit 142 m^3/s registriert.

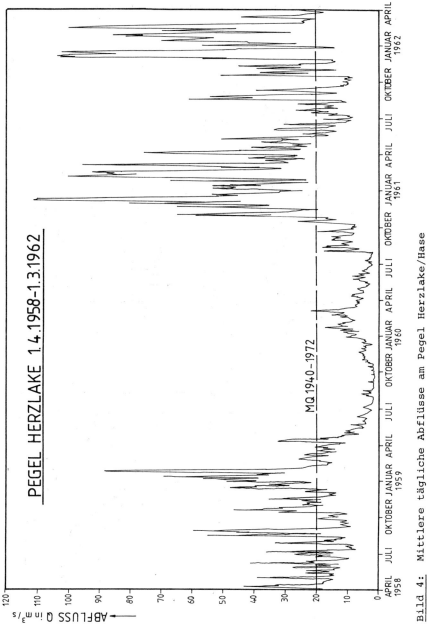

Bild 4: Mittlere tägliche Abflüsse am Pegel Herzlake/Hase

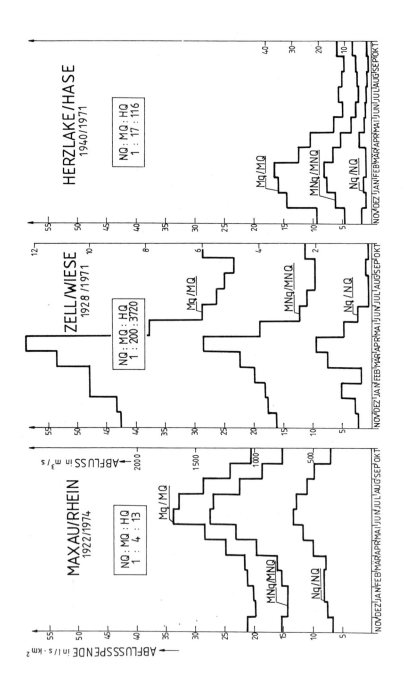

Bild 5: Monatliche Abflußspenden und Abflüsse

Das Verhältnis von NQ zu MQ beträgt am Pegel Herzlake 1:17, das Verhältnis von NQ zu HQ 1:116.

Die Charakteristik des Abflußregimes wird sich insgesamt künftig ändern, da mehrere Rückhaltebecken entlang der Hase neben der Aufgabe des Hochwasserschutzes auch der Niedrigwasseranreicherung dienen sollen.

4 STICHPROBENGEWINNUNG UND STATISTISCHE AUSWERTUNG

4.1 Methodische Vorgehensweise

In der vorliegenden Untersuchung kamen fünf Methoden zur Anwendung: Zwei direkte Verfahren (Ia, Ib mit der Zufallsvariablen D = Unterschreitungsdauer) und drei indirekte Verfahren (IIa, IIb, IIc mit der Zufallsvariablen Q_s = Schwellenwert).

So verschieden die hier vorgestellten Verfahren auch sein mögen, die Untersuchungsmethode ist immer die gleiche. Sie gliedert sich in drei Arbeitsschritte:

A) Wahl der Zufallsvariablen und Stichprobengewinnung
B) Anpassung einer Verteilungsfunktion
C) Darstellung der Ergebnisse für vorgegebene Unterschreitungswahrscheinlichkeit.

Die untersuchten Verfahren unterscheiden sich im ersten Schritt A:

- Definition der Zufallsvariablen (Verfahren I oder II)

und

- Art der Stichprobengewinnung (Unterteilung Ia oder Ib, bzw. IIa, IIb, IIc).

Die Arbeitsschritte werden im folgenden für diese fünf Verfahren und die drei genannten Abfluß-Pegelstellen (Abschnitt 3) exemplarisch gezeigt.

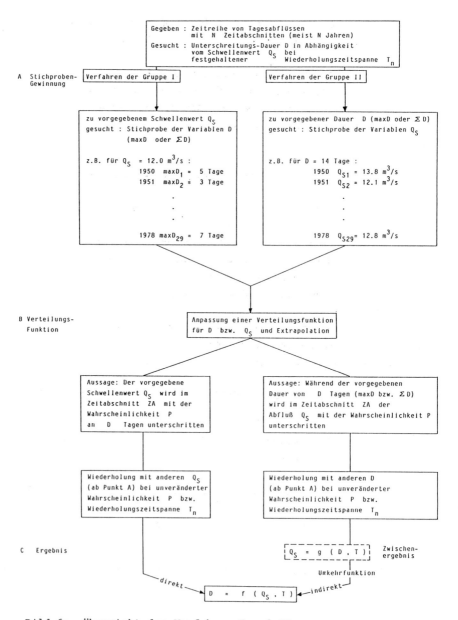

Bild 6: Übersicht der Verfahren I und II

zu A) Bei den "D i r e k t e n   V e r f a h r e n" (I) ist die Zufallsvariable die interessierende U n t e r s c h r e i t u n g s d a u e r   max D   bzw. Σ D selbst.

Sie ist infolge der Datengrundlage "Mittlere tägliche Abflüsse" ganzzahlig, wird aber nach Anpassung einer stetigen Verteilungsfunktion zur nicht ganzzahligen Variablen.

Bei den "I n d i r e k t e n   V e r f a h r e n" (II) ist in einem Zwischenschritt die Zufallsvariable die Hilfsgröße

U n t e r s c h r i t t e n e r   S c h w e l l e n w e r t Q_s.

Bei fest vorgegebener Unterschreitungsdauer variiert der unterschrittene Abfluß Q_s von Zeitabschnitt zu Zeitabschnitt.

Während bei dem Verfahren I die eigentlich interessierende Größe direkt erhalten wird, kann bei diesem Verfahren II die gesuchte Variable erst im Arbeitsschritt C gewonnen werden.

Die Verfahren der Gruppe II liefern als Ergebnis zunächst eine Beziehung "Schwellenwert Q_s in Abhängigkeit von T_n und maxD bzw. Σ D". Hieraus ist die eigentlich interessierende Größe maxD bzw. Σ D in Abhängigkeit von Q_s und T_n zu ermitteln.

zu B) Auf Grund von Erfahrungen mit der Variablen NMxQ [1, 2] wurden vier Verteilungsfunktionen für die Untersuchung herangezogen:

    Log-Extremal 3-Verteilung (Log-Weibull-V.)
    Log-Normal-Verteilung
    Pearson 3-Verteilung
    Log-Pearson 3-Verteilung.

In den nachfolgenden Beispielen wird jedoch zur besseren Vergleichbarkeit nur die Anpassung mit der

Log-Pearson 3-Verteilung

dargestellt.

zu C) Für die Untersuchung wurde wie bei [1, 2] die Wiederholungszeitspanne

T_n = 30 Jahre und T_n = 2N

zu Grunde gelegt (mit N = Anzahl der Stichprobenelemente).

S o n d e r f a l l : Ü b e r h a n g

Bei höheren Schwellenwerten kann die Niedrigwasserperiode über den betrachteten Zeitabschnitt hinausgehen. Während die Variable Σ D definitionsgemäß durch das Ende des Zeitabschnittes begrenzt ist, müssen zur Festlegung der Variablen maxD sinnvolle Vereinbarungen getroffen werden. Unter Bezug auf Bild 7 wurde festgelegt:

- Die Variable maxD ist dem Zeitabschnitt zuzuordnen, in dem sie beginnt (Ursache-Wirkung)

- Wird maxD (Q_{s2},ZA+1) kleiner als maxD (Q_{s1},ZA+1) dann ist zu setzen:
  maxD (Q_{s2},ZA+1) = maxD (Q_{s2},ZA).

Nach dieser Definition resultieren aus dem Ganglinienverlauf gemäß Bild 7 folgende Werte für max D

	ZA	ZA+1
Q_{s1}	300 d	100 d
Q_{s2}	500 d	500 d

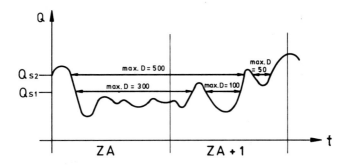

Bild 7: Beispiel zur Überhangregelung

4.2 Unterschreitungsdauer D als Stichprobenelement

4.2.1 Direkte Auswertung für vorgegebenen Schwellenwert Q_s (Verfahren Ia)

4.2.1.1 Jährliche Serie

Die Variablendefinitionen maxD als längste Unterschreitungsdauer und ΣD als Summe aller Unterschreitungsdauern eines Schwellenwertes Q_s innerhalb eines Zeitabschnittes lassen zunächst folgende Vorgehensweise als zweckmäßig erscheinen (siehe Bild 8):

- Vorgabe eines festen Schwellenwertes Q_s für die gesamte Zeitreihe

- Ermittlung der zugehörigen Unterschreitungsdauern maxD und ΣD für jeden Zeitabschnitt (meist ein Jahr, siehe Abschnitt 2.1).

Grundlage für die Stichprobengewinnung ist die Zeitreihe der mittleren täglichen Abflüsse. Für den von der wasserwirtschaftlichen Aufgabe vorgegebenen Schwellenwert Q_s wird für jeden Zeitabschnitt die Unterschreitungsdauer D (maxD oder ΣD) entweder

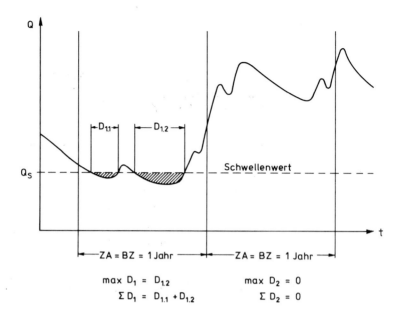

Bild 8: Stichprobengewinnung für festen Schwellenwert

durch Abgreifen aus der Abflußganglinie oder mit Hilfe eines Auswerteprogramms ermittelt. Damit erhält man für jeden Zeitabschnitt genau einen Wert D, der auch Null sein kann. Die Werte D bilden die Stichprobe für die Häufigkeitsanalyse, die folgende Frage beantworten soll:

An wievielen Tagen D wird in einem Zeitabschnitt ZA ein Schwellenwert Q_s mit der Wahrscheinlichkeit P unterschritten? D kann entweder maxD oder Σ D bedeuten.

Die für unterschiedliche Schwellenwerte Q_s ermittelten Stichprobenelemente weisen typische Häufigkeitsverteilungen auf (Bild 9):

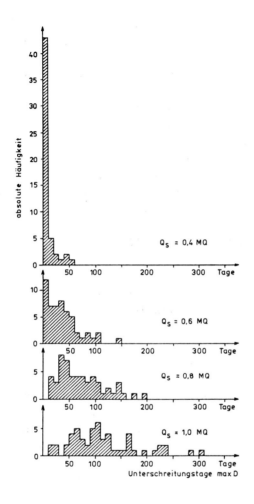

Bild 9: Histogramme von maxD für unterschiedliche Schwellenwerte (Maxau/Rhein 1922-1975)

Die Histogramme zeigen eine charakteristische Eigenschaft der Stichproben: Je kleiner der Schwellenwert, desto schiefer wird die Verteilung, bedingt durch die häufige Belegung der untersten Klasse mit Werten D = 0. Da die jährlichen Niedrigwasserabflüsse (NQ) beträchtlich schwanken, treten die maßgebenden

Niedrigwasserzeiten nicht in jedem Jahr auf. Für kleinere Q_s liefern immer weniger Zeitabschnitte einen Wert D > 0. Der Wert D = 0 gibt aber keine Auskunft darüber, wie weit das NQ des jeweiligen Zeitabschnittes über dem Schwellenwert Q_s liegt.

Je nach Lage des Schwellenwertes ergeben sich stark unterschiedliche Häufigkeitsverteilungen, wobei die große Schiefe bei kleinen Schwellenwerten besonders markant hervortritt. Die großen Sprünge insbesondere im Bereich der unteren Klassen verdeutlichen die Schwierigkeiten bei der Anpassung stetiger Verteilungsfunktionen. Versuche, eine statistische Analyse mit Hilfe solcher Verteilungsfunktionen vorzunehmen, waren auch deswegen nicht erfolgreich, weil keine dieser Funktionen für eine Anpassung aller dieser vielfältigen Verteilungen gleichermaßen geeignet ist.

Als weitere Alternativen wurden deshalb die partielle Serie, die Datentransformation sowie die gestutzte jährliche Serie untersucht.

4.2.1.2 Partielle Serie

Die Unterschreitungsdauern D eines Schwellenwertes können auch als partielle Serie behandelt werden. Dabei ergibt jede Unterschreitungsdauer der Reihe einen Wert der Stichprobe; Null-Werte kommen nicht vor.

Für die Variable ΣD ist diese Vorgehensweise nicht möglich.

Bild 10 zeigt das Ergebnis der Verteilung einer partiellen Serie.

Die bei jährlichen Serien häufige Belegung der untersten Klasse mit Elementen D = 0 tritt bei partiellen Serien nicht mehr auf, doch ist auch hier die Klasse mit den kleinen Werten überproportional besetzt. Dies gilt auch für größere Schwellenwerte, bei denen die jährliche Serie oft eine eher "glockenförmige"

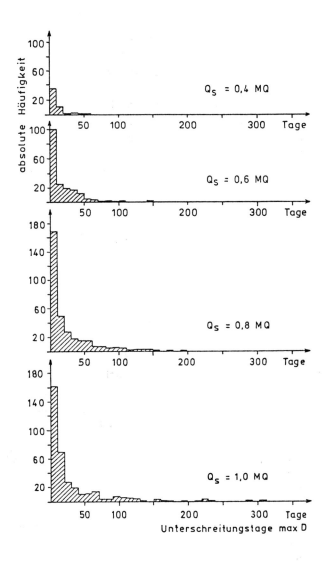

Bild 10: Histogramme von maxD für partielle Serie (Maxau 1922-75)

Verteilung annimmt. Damit zeigen sich die gleichen Schwierigkeiten wie bei jährlichen Serien.

Hinzu kommt als grundsätzliches Problem bei Verwendung von partiellen Serien im Niedrigwasserbereich die geforderte Unabhängigkeit der einbezogenen Niedrigwasserereignisse.

Zu dieser Frage wurde untersucht, welchen Einfluß die kurzfristige Überschreitung des Schwellenwertes innerhalb einer zusammenhängenden Niedrigwasserperiode auf das Datenkollektiv einer partiellen Serie hat.

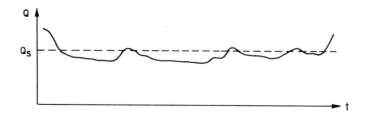

Bild 11: Kurzzeitige Unterbrechung einer Niedrigwasserperiode

Für den Pegel Maxau/Rhein wird in Tafel 2 aufgezeigt, wie sich eine kurzfristige Überschreitung des Schwellenwertes auf Anzahl und Dauer von Niedrigwasserzeiträumen auswirkt. Benachbarte Niedrigwasserzeiten, die durch eine kurzzeitige Unterbrechung ($Q > Q_s$) getrennt werden, wurden hier schrittweise zusammengefaßt. Werden z.B. benachbarte Niedrigwasserzeiten, bei denen der Schwellenwert Q_s nur an einem Tag unterbrochen wurde, als zusammengehörend betrachtet, so erhält man statt der ursprünglichen 138 nur noch 111 Niedrigwasserzeiträume.

Das Beispiel macht deutlich, daß schon kurze Unterbrechungen eine beträchtliche Verschiebung des Datenkollektivs einer partiellen Serie bewirken.

Tafel 2: Niedrigwasserereignisse in Maxau bei $Q_s = 585 \text{ m}^3/\text{s}$, Beobachtungsreihe 1891-1976

Dauer der Unterbrechung (Tage mit $Q > Q_s$)	Anzahl der NW-Zeiträume	mittlere Dauer D (Tage)
0	138	9.48
1	111	11.78
2	105	12.46
3	90	14.53
4	87	15.03
5	84	15.57
10	67	19.52
20	54	24.22
30	49	26.69

Dieses Problem stellt sich auch bei der jährlichen Serie. Es konnten keine Kriterien zur Berücksichtigung solch kurzzeitiger Überschreitungen des Schwellenwertes gefunden werden, die für alle wasserwirtschaftlichen Aufgaben sinnvoll sind. Insbesondere wurde der in der Pegelvorschrift [3] vorgeschlagene Ansatz für die Bewertung der Unabhängigkeit von Niedrigwasserereignissen als willkürlich angesehen. Bei der Auswertung der Variablen maxD wird letztlich der Sachbearbeiter aufgrund der Problemstellung zu entscheiden haben, von welcher Art die Überschreitung des Schwellenwertes sein muß, um die NW-Periode zu unterbrechen.

Es wird deutlich, daß zur Beurteilung der Niedrigwasserdauer vielfach die Kenngrößen maxD und ΣD gemeinsam herangezogen werden müssen. Dies ist bei partiellen Serien nicht möglich.

Aufgrund dieser vielfältigen Bedenken wurde die statistische Behandlung der Niedrigwasserkenngröße D als partielle Serie verworfen und nicht weiter verfolgt.

4.2.1.3 Datentransformation

Um doch noch mit dem vorhandenen Datenkollektiv der jährlichen Serie eine Anwendung der bekannten Verteilungsfunktionen zu ermöglichen, wurde als weitere Alternative die Transformation der Stichprobe untersucht. So wurde u.a. für die statistische Analyse bei kleinen Schwellenwerten mit sehr großen Schiefekoeffizienten eine Spiegelung der Häufigkeitsverteilung an der Ordinatenachse vorgeschlagen.

Als wesentliche Schwierigkeit für diese Datentransformation zeigten sich die vielfältigen Formen der Häufigkeitsverteilungen bei verschiedenen Schwellenwerten (Bild 9) und bei verschiedenen Pegeln. Einen Teil der Stichproben kann man sinnvoll transformieren, den anderen Teil jedoch nicht. Allgemeingültige Kriterien für eine Transformation und für dann geeignete bekannte Verteilungsfunktionen konnten nicht gefunden werden. Der Weg, bei jährlichen Serien über eine Transformation der Stichprobe zu einem Datenkollektiv zu gelangen, das mit den traditionellen Verteilungsfunktionen bearbeitet werden kann, schied damit aus.

Bei partiellen Serien, die für alle Schwellenwerte eine große, aber gleichmäßige Schiefe aufweisen (Bild 10), erschien eine Datentransformation durch Spiegelung an der Ordinatenachse eher möglich. Wegen der geschilderten grundsätzlichen Probleme von partiellen Serien wurde dieser Weg ebenfalls verworfen.

4.2.1.4 Gestutzte Serie

Jährliche Serien von maxD bzw. Σ D verfügen meist über zahlreiche Elemente mit Werten D = 0. Eine direkte Anwendung der bekannten Verteilungsfunktionen scheidet aus (Abschnitt 4.2.1.1). Als weiterer Lösungsversuch wurden deshalb gestutzte Serien erprobt.

Die gestutzte (reduzierte) Serie wird aus der vollständigen Stichprobe (jährliche Serie) durch Weglassen der Elemente

$D_i = 0$ gebildet. Für die gestutzte Serie ist die Wiederholungszeitspanne T_n' nicht gleich der vorgegebenen Wiederholungszeitspanne T_n für die vollständige Serie. Diese wird berechnet aus

$$T_n = \frac{T_n'}{(1 - \bar{P})}$$

$$\bar{P} = \frac{m - a}{N + 1 - 2a}$$

mit $\bar{P}$ - empirische Unterschreitungswahrscheinlichkeit des kleinsten Elementes
  m - Rangzahl dieses Elementes
  N - Anzahl der Elemente der vollständigen Stichprobe (jährliche Serie einschließlich der Werte D = 0)
  a - empirischer Faktor, gewählt: a = 0,4 [1]

Falls keine Null-Elemente vorkommen, wird $\bar{P} = 0$ gesetzt.

Das Verfahren gliedert sich in folgende Schritte:

1. Vorgabe eines Schwellenwertes Q_s
2. Ermittlung der vollständigen Stichprobe (maxD oder Σ D), jährliche Serie
3. Erstellen der gestutzten Serie durch Weglassen der Null-Elemente
4. Statistische Analyse (Extremwertprognose) der gestutzten Serie. Ergebnisse: Unterschreitungsdauer für gewählte Wiederholungsspanne (T_n')
5. Umrechnung von T_n' in T_n

Gestutzte Serien wurden anhand der drei Beobachtungsreihen von Maxau/Rhein, Herzlake/Hase und Zell/Wiese untersucht. Als Verteilungsfunktionen wurden angewandt:

- Log-Normal-Verteilung (Fechner)
- Pearson 3-Verteilung
- Log-Pearson 3-Verteilung.

Das Verfahren ist bei höheren Schwellenwerten anwendbar. Bei niedrigen Schwellenwerten jedoch weist die gestutzte Stichprobe nur eine kleine Anzahl von Elementen auf. So ergeben sich z.B. für Maxau bei Q_s = 450 m^3/s nur 10 Stichprobenelemente für maxD aus einer 51-jährigen Reihe. Ein derartiges Stutzen bedeutet einen großen Informationsverlust; für eine sinnvolle Extrapolation reicht der nur noch kleine Stichprobenumfang dann nicht mehr aus.

4.2.2 Gestutzte Serie für mehrere Schwellenwerte (Verfahren Ib)

Eine größere statistische Absicherung ist möglich, wenn die Extremwertprognose für mehrere Schwellenwerte durchgeführt wird.

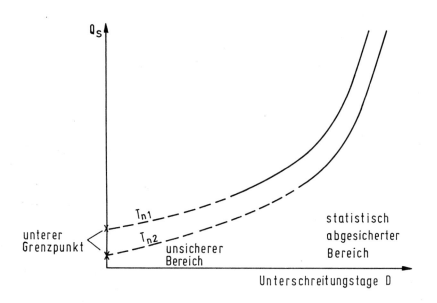

Bild 12: Beziehung D = $f(Q_s, T_n)$

Für höhere Schwellenwerte reicht der Stichprobenumfang der gestutzten jährlichen Serie zur statistischen Extrapolation aus. Gleichzeitig ist der untere Grenzpunkt durch die statistische Analyse von NM1Q bekannt. Der unsichere Zwischenbereich bei kleinen Schwellenwerten kann durch eine Ausgleichskurve - gestrichelte Linie in Bild 12 - plausibel eingeengt werden.

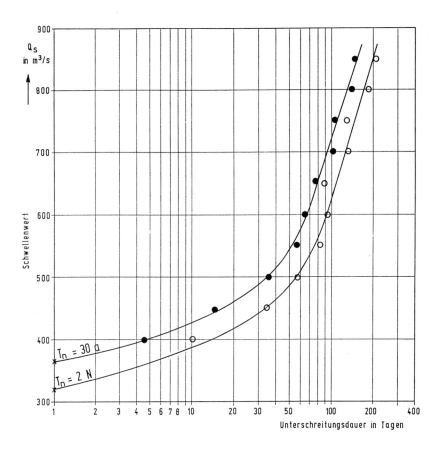

Bild 13: Statistische Analyse von maxD mit gestutzter Serie (Pegel Maxau/Rhein, Beobachtungszeitraum 1922-1975, Verteilungsfunktion Log-Pearson 3)

Bei diesem Verfahren werden die Arbeitsschritte 1. bis 5. aus Abschnitt 4.2.1.4 für mehrere Schwellenwerte wiederholt. Anschließend werden die Ergebnisse, die Wertepaare $(D;Q)_n$ z.B. in einfach logarithmischem Maßstab (Abszisse (D) logarithmisch und Ordinate (Q) linear) oder in doppellogarithmischem Maßstab aufgetragen und die Ausgleichskurven gezeichnet.

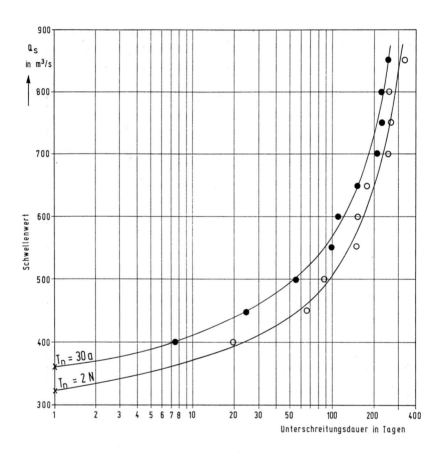

Bild 14: Statistische Analyse von ΣD mit gestutzter Serie
(Pegel Maxau/Rhein, Beobachtungszeitraum 1922-1975,
Verteilungsfunktion Log-Pearson 3)

Für die Meßstelle Maxau ist die Beziehung $D = f(Q, T_n)$ bei Verwendung der Log-Pearson 3-Verteilung für maxD bzw. ΣD in Bild 13 bzw. 14 für die Wiederholungszeitspannen T_n = 30 Jahre und T_n = 2 N Jahre dargestellt.

Die Untersuchung zeigt auf, daß das Verfahren anwendbar ist. Allerdings war die Güte der Anpassung der gewählten Verteilungsfunktionen (Kolmogoroff-Smirnow-Test) nicht sehr hoch. Von den insgesamt untersuchten 185 Reihen mit verschiedenen Q_s wurden über die Hälfte abgelehnt. Noch am wenigsten abgelehnt wurde die Log-Pearson 3-Verteilung, gefolgt von der Pearson 3-Verteilung und der Log-Normal-Verteilung.

Auch führte das Verfahren zu teilweise nicht sinnvollen Ergebnissen. Es traten Rücksprünge auf, d.h. bei wachsendem Q_s wurde D häufig kleiner. Mit steigenden D und Q_s stellt sich die Ausgleichskurve als Vertikale dar.

Außerdem unterliegt die als letzter Verfahrensschritt zu zeichnende Ausgleichskurve subjektiven Einflüssen.

Insgesamt ergab sich, daß das Verfahren Ib nicht allgemein zur statistischen Analyse der Niedrigwasserkenngrößen "Unterschreitungsdauer" geeignet ist, und deshalb nach weiteren Möglichkeiten zu suchen war.

4.3   S c h w e l l e n w e r t   a l s   S t i c h p r o -
        b e n e l e m e n t

4.3.1   Vorgabe der Unterschreitungsdauer (Verfahren IIa)

4.3.1.1 Beschreibung des Verfahrens

Für jeden Zeitabschnitt ZA muß der zu einer vorgegebenen Unterschreitungsdauer D (maxD oder ΣD) gehörende Schwellenwert Q_s aus den Tagesabflüssen

      d i r e k t

gewonnen werden.

Dieses Verfahren läßt sich am besten mit einem bildlichen Vergleich erläutern:

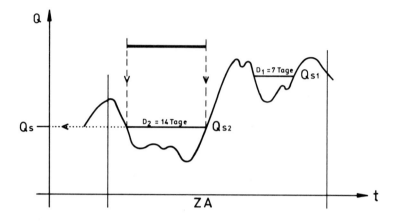

Bild 15: Stichprobenermittlung der Variablen Q_s bei Vorgabe von D

Gegeben sei die graphische Darstellung der Ganglinie mit Tagesabflüssen zunächst für e i n e n Zeitabschnitt ZA. Ein "Stab" vorgegebener Länge (z.B. 14 Tage) wird durch Probieren horizontal so in die Ganglinie eingelegt, daß die tiefstmögliche Lage gefunden wird. Der zugehörige Schwellenwert Q_s wird abgelesen und notiert (s. Bild 15).

Die Wiederholung im gleichen Zeitabschnitt ZA mit D = 1, 2, 3, ... 30 Tage ergibt - in ein Diagramm eingetragen - p r o Zeitabschnitt ZA e i n e n Punkthaufen (s. Bild 16), weil es bei der Variation von D vorkommen kann, daß im gleichen Zeitabschnitt der ermittelte kleinste Schwellenwert Q_{s1} einer Dauer D_1 größer ist als ein Schwellenwert Q_{s2} einer größeren Dauer D_2 (s. Bild 15), d.h.

$$Q_{s1} = Q_s(D_1) > Q_s(D_2) = Q_{s2} \text{ für } D_1 < D_2$$

Außerdem ist nicht gewährleistet, daß für jede Dauer D ein Schwellenwert Q_s gefunden werden kann.

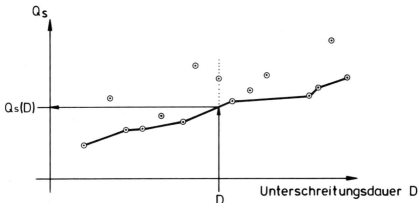

Bild 16: Wertepaare $Q_s(D)$ für e i n e n Zeitabschnitt ZA mit unterer Hüllkurve

Zu dem so ermittelten Punkthaufen wird eine untere Hüllkurve eingetragen, mit der alle Punkte zu erfassen sind, die einen monoton steigenden Verlauf ergeben (vgl. Bild 16). Mit dieser Hüllkurve werden zu vorgegebenen Werten D Stichprobenelemente Q_s interpoliert.

Durch diese Hüllkurve wird jeder Unterschreitungsdauer D ein Schwellenwert Q_s zugeordnet, der das Stichprobenelement des Zeitabschnittes ZA bildet.

Dieser Vorgang wird für alle N Zeitabschnitte wiederholt und liefert für vorgegebene Dauern D (z.B. D = 7, 14, 30 Tage) Stichproben $Q_s(D)$, die einer statistischen Analyse unterzogen werden.

4.3.1.2 Anwendung des Verfahrens

Das Verfahren führt zwar zu brauchbaren Ergebnissen, jedoch ist die graphische Datenerhebung sehr zeitaufwendig und wenig geeignet für eine Programmierung.

Es wurde daher versucht, die Grundidee des Verfahrens beizubehalten, jedoch die Stichprobengewinnung so zu organisieren, daß eine EDV-Anwendung leichter zu bewerkstelligen ist (s. Verfahren IIb).

4.3.2 Vorgabe unterschiedlicher Schwellenwerte Q_s (Verfahren II)

4.3.2.1 Beschreibung des Verfahrens

Für jeden Zeitabschnitt ZA werden die zu einer bestimmten Unterschreitungsdauer D (maxD oder ΣD) gehörenden Schwellenwerte Q_s nicht aus den Tagesabflüssen direkt gewonnen (Verfahren IIa), sondern aus einer Zwischentabelle interpoliert, die für verschiedene Schwellenwerte Q_s die zugehörigen Unterschreitungsdauern enthält. Zur Veranschaulichung diene die folgende Tafel 3:

<u>Tafel 3:</u> Schwellenwerte Q_s mit zugehörigen Unterschreitungsdauern D

Q_s in m³/s	Unterschreitungsdauer D in Tagen für ZA					
	1950	1951	1952	1953	....	1978
10,00	0	0	0	1	.	0
11,00	0	1	5	50	.	3
12,00	5	3	12	52	.	7
13,00	10	70	31	82	.	20
14,00	14	70	35	111	.	39
.	.	.	.	.	.	.
.	.	.	.	.	.	.

Beginnend mit Q_s = NQ (1950/1978) = 10 m³/s wurden hierin für verschiedene Schwellenwerte Q_s im Abstand ΔQ_s = 1,0 m³/s die zugehörigen Unterschreitungsdauern D ermittelt. Aus dieser Tafel kann nun für jeden Zeitabschnitt ZA und für die gewählte Unterschreitungsdauer D der zugehörige Schwellenwert Q_s durch Interpolation berechnet werden. So folgt z.B. für den Zeitabschnitt des Jahres 1950 und einer Unterschreitungsdauer von D = 7 Tagen durch lineare Interpolation der Schwellenwert Q_s = 12,4 m³/s. Auf diese Weise ist es möglich, für e i n e vorgegebene Unterschreitungsdauer D eine Stichprobe der zugehörigen Schwellenwerte Q_s zu gewinnen, deren Elemente größer als Null sind und deren Anzahl gleich derjenigen der Zeitabschnitte ZA ist.

Die aufzustellende Tafel muß den Wertebereich der untersuchten Zeitreihe zwischen NQ und demjenigen Wert umfassen, bei dem für alle Zeitabschnitte ZA die maximal zu untersuchende Unterschreitungsdauer D mindestens erreicht wird. Die Schrittweite ΔQ_s wurde in den Untersuchungen abhängig gemacht von der Differenz zwischen MQ und NQ und variierte zwischen 0,01(MQ-NQ) und 0,03(MQ-NQ).

Die so gewonnene stetige Variable "Abfluß Q_s mit einer Unterschreitungsdauer von D Tagen im Zeitabschnitt ZA" kann nun einer Extremwertprognose unterzogen werden. Mit ihrer Hilfe wird aus der reinen Häufigkeitsaussage die gesuchte Wahrscheinlichkeitsaussage in der Form, daß mit der Wahrscheinlichkeit P der Abfluß Q_s an D Tagen im Zeitabschnitt ZA unterschritten wird.

Wird diese Auswertung für mehrere Unterschreitungsdauern D durchgeführt, so erhält man ein Diagramm entsprechend Bild 17.

4.3.2.2 Anwendung des Verfahrens

Das vorstehend beschriebene Verfahren wurde - wie auch die anderen - an den drei genannten Pegeln auf seine Anwendbarkeit untersucht. Hierbei wurden folgende Erfahrungen gemacht:

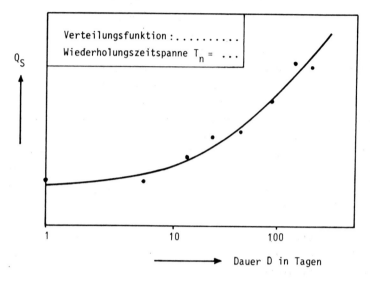

Bild 17: Extrapolierter Schwellenwert Q_s in Abhängigkeit von der Unterschreitungsdauer D für eine Wiederholungszeitspanne T_n und eine Verteilungsfunktion

- Unterteilung der Schwellenwerte Q_s

  Die zu den einzelnen Schwellenwerten Q_s gehörenden Unterschreitungsdauern D weisen häufig sprunghafte Veränderungen bei sich nur mäßig ändernden Schwellenwerten Q_s auf. Dieses Verhalten führt auch bei den für verschiedene Dauern berechneten Stichprobenelementen Q_s und ihren statistischen Parametern zu Schwankungen. In der Folge können dadurch Inplausibilitäten bei den extrapolierten Werten in der Form auftreten, daß z.B. $Q_s(D_1) > Q_s(D_2)$, obwohl $D_1 < D_2$ ist. Auch eine sehr feine Unterteilung $\Delta Q_s = 0,01(MQ-NQ)$ der Schwellenwerte Q_s behebt diesen grundsätzlichen Mangel nicht.

- Wahl der Verteilungsfunktion

  Die geringe Anzahl untersuchter Pegel erlaubt noch keine Empfehlung für eine bestimmte Verteilungsfunktion. Deutlich ist jedoch zu erkennen, daß die vorstehend beschriebenen Inplausibilitäten durch die glättende Wirkung des Logarithmierens an Zahl und Stärke geringer werden.

- Grafischer Ausgleich

 Der in der Regel nicht gleichmäßige Verlauf der extrapolierten Schwellenwerte Q_s in Abhängigkeit von der Dauer D macht einen zusätzlichen grafischen Ausgleich entsprechend Bild 17 notwendig.

4.3.3 Regression zwischen Q_s und D (Verfahren IIc)

4.3.3.1 Beschreibung des Verfahrens

Bei der Anwendung der Verfahren IIa und IIb wurde festgestellt, daß der nichtstetige Zusammenhang zwischen dem Schwellenwert Q_s und der Unterschreitungsdauer D (maxD oder ΣD) auch auf das extrapolierte Ergebnis Einfluß nehmen und zu Widersprüchen ($Q_s(D_1) < Q_s(D_2)$; $D_1 > D_2$) führen kann.

Beim Auftreten solcher Widersprüche ist durch grafischen Ausgleich die Eindeutigkeit der extrapolierten Beziehung $Q_s = f(D)$ herzustellen, d.h. es ist als letzter Bearbeitungsschritt eine Ausgleichskurve durch die für verschiedene Unterschreitungsdauern ermittelten Extrapolationswerte zu legen (s. Bild 18).

Im Verfahren IIc wird diese Glättung bereits bei der Gewinnung der einzelnen Stichprobenelemente - also vor der statistischen Extrapolation - durchgeführt. Es wird der für jeden Zeitabschnitt ZA gemäß Tafel 3 ermittelte tatsächliche Zusammenhang zwischen Schwellenwert Q_s und Unterschreitungsdauer D durch eine funktionale Abhängigkeit ersetzt. Als physikalisch sinnvoller und für die Praxis geeigneter Ansatz hat sich die nichtlineare Beziehung (Potenzfunktion)

$$Q_s(D) = NQ + a \cdot (D-1)^b$$

mit NQ = kleinster Abfluß im Zeitabschnitt ZA

erwiesen, die in linearisierter Form

$$\ln(Q_S - NQ) = \ln a + b \cdot \ln(D-1)$$

dem Einfach-Regressionsansatz

$$Y = A + B \cdot X$$

mit $Y = \ln(Q_S - NQ)$
$X = \ln(D-1)$
$A = \ln a$
$B = b$

entspricht. Reelle Lösungen der Potenzfunktion werden nur für $D \geq 1$ erhalten. Für $D = 1$ ergibt sich $Q_S = NQ$, d.h. die Funktion beginnt beim jeweils kleinsten Tagesabfluß des Zeitabschnittes.

Zu beachten ist, daß die zur Ermittlung der Koeffizienten notwendige l i n e a r i s i e r t e   F o r m der Potenzfunktion erst für Werte $D \geq 2$ sinnvolle Lösungen hat. Damit sind zur Bestimmung der Regressionskoeffizienten A und B nur Wertepaare Q_S und D verwendbar, die $D \geq 2$ aufweisen.

In Bild 18 sind beispielhaft für den Pegel Herzlake/Hase und das NW-Jahr 1962 (ZA: 1.4.1962 - 31.3.1963) die tatsächlichen Verhältnisse und zwei Regressionsbeziehungen dargestellt.

Regression I : Es wurden alle Wertepaare Q_S und D berücksichtigt; d.h. die Regressionsbeziehung gibt die durchschnittliche Abhängigkeit zwischen Q_S und D wieder.

Regression II: Wenn zu einer Dauer D mehrere Q_S-Werte gehören, so wurde bei der Regression nur der kleinste Wert Q_S verwendet. Damit wird - in Analogie zum Verfahren IIa - die unterste Umhüllende durch eine Ausgleichskurve ersetzt.

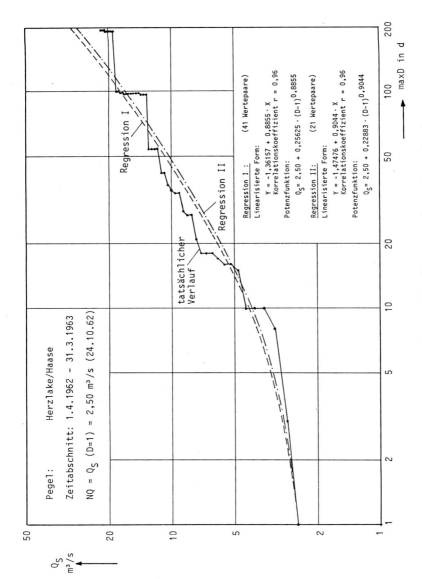

Bild 18: Regressionsbeziehungen zwischen Schwellenwert Q_S und maximaler Unterschreitungsdauer maxD

Mit den für jeden Zeitabschnitt ZA gesondert ermittelten Koeffizienten $a = e^A$ und $b = B$ der Potenzfunktionen werden anschließend für vorzugebende Unterschreitungsdauern (D = 7, 14, 30 d ...) die zugehörigen Schwellenwerte $Q_s(D)$ berechnet (s. Tafel 4).

Tafel 4: Gemäß den Regressionsbeziehungen berechnete Schwellenwerte Q_s [m³/s] in Abhängigkeit von der längsten Unterschreitungsdauer maxD am Pegel Herzlake/Hase für 1962

maxD in d	1	7	14	30	60	90	120	150	180
Regression I	2,50	3,75	4,98	7,55	11,98	16,14	20,14	24,03	27,83
Regression II	2,50	3,66	4,83	7,31	11,64	15,76	19,74	23,63	27,44

Bei dieser Vorgehensweise erhält man für jede vorgegebene Unterschreitungsdauer D insgesamt N Stichprobenelemente von Q_s (N = Anzahl der Zeitabschnitte ZA).

Nach Anpassung von Verteilungsfunktion an diese einzelnen Stichproben wird die Extrapolation auf die geforderte Wahrscheinlichkeit P bzw. Wiederholungszeitspanne $T_n = \frac{BZ}{P}$ (BZ = 1 Jahr) durchgeführt.

Als Ergebnis wird eine Darstellung gemäß Bild 19 erhalten, aus der für eine Wiederholungszeitspanne ablesbar ist:

- Der Abfluß Q_s wird bei der Variablen
    - Σ D an insgesamt D Tagen
    - maxD an D aufeinanderfolgenden Tagen

    im Zeitabschnitt ZA unterschritten.

- An D Tagen (maxD oder Σ D) wird der Abfluß Q_s unterschritten.

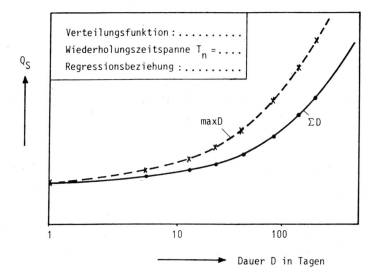

<u>Bild 19:</u> Extrapolierte Schwellenwerte Q_s in Abhängigkeit von der Unterschreitungsdauer D für eine Wiederholungszeitspanne T_n, für eine Verteilungsfunktion und unter Verwendung einer Regressionsbeziehung $Q_s = f(D)$

Es sei noch vermerkt, daß unter Voraussetzung gleicher Verteilungsfunktion und gleicher Jährlichkeit der für D = 1 d extrapolierte Wert $Q_s(D=1)$ identisch ist mit dem in [1] definierten niedrigsten Tagesmittelwert NM1Q. In beiden Fällen setzt sich die Stichprobe aus den niedrigsten Tagesabflüssen der einzelnen Zeitabschnitte zusammen.

4.3.3.2 Anwendung des Verfahrens

Die Anwendung dieses Verfahrens auf die drei ausgewählten Testpegel Maxau/Rhein, Herzlake/Hase und Zell/Wiese führte - unabhängig von der angesetzten Regressionsbeziehung - zu folgender Bewertung:

- Die für jeden Zeitabschnitt ermittelten Regressionsbeziehungen weisen gute bis sehr gute Korrelationen auf. Sie sind durchweg auf dem 5%-Niveau gesichert.

- Die extrapolierten Kurven $Q_S(D)$ stellen für beide NW-Kenngrößen (maxD und ΣD) eindeutige Beziehungen dar. Nach den bisherigen Erfahrungen entfällt damit eine Ausgleichskurve durch die extrapolierten Werte.

- Dieser geschilderte Vorteil wird durch eine Manipulation der Ausgangsdaten erkauft, indem für eine vorgegebene Unterschreitungsdauer D nicht mehr der tatsächliche (oder aus benachbarten Stützstellen interpolierte) Schwellenwert Q_S (Verfahren IIa,b) Verwendung findet, sondern der Schwellenwert berücksichtigt wird, der einer über den gesamten $Q_S = f(D)$-Verlauf ermittelten Regressionsbeziehung entstammt.

- Bei dem beschriebenen Verfahren kommt dem Ausgangspunkt der Regressionsbeziehung (NQ des Zeitabschnittes) eine große Bedeutung zu. Dieser Meßwert NQ kann jedoch durch kurzfristige Störungen verfälscht sein. Diese mögliche Fehleinschätzung von NQ wirkt sich auf die Regression und damit auf alle daraus berechneten Stichprobenwerte Q_S aus.

- Der Ergebnisvergleich aus den drei ausgewählten Pegelstellen zwischen den Verfahren IIa,b einerseits und dem Verfahren IIc andererseits führte insbesondere beim kleinsten Gewässer (Wiese) zu erheblichen Abweichungen. Die Ergebnisunterschiede zwischen den beiden verwendeten Regressionsbeziehungen waren demgegenüber gering. Obwohl diese nur an drei Pegelstellen durchgeführte Untersuchung eine eindeutige Bewertung nicht erlaubt, kann vermutet werden, daß durch die Regressionsbeziehung das unstetige Verhalten zwischen Q_S und D zu weitgehend vereinheitlicht wird.

4.4 Bewertung der Verfahren

Die Einzelbeschreibungen der verschiedenen Verfahren zur Behandlung der Niedrigwasserkenngröße Unterschreitungsdauer enthalten die wichtigsten Hinweise zu Anwendungsmöglichkeiten und -grenzen. Wesentliche Unterschiede liegen in der Art der Stichprobengewinnung, woraus sich Konsequenzen für die Anpassung von Verteilungsfunktionen und die Einsatzmöglichkeiten ergeben. Im folgenden sollen die Verfahren im Hinblick auf die praktische Anwendung zusammenfassend bewertet werden.

Bei den **Verfahren der Gruppe I** wird für jeden Zeitabschnitt die Unterschreitungsdauer D (maxD oder Σ D) für vorgegebene Schwellenwerte Q_s direkt der Abflußganglinie (Tagesmittel Q) entnommen. Die so gewonnene Stichprobe wird einer statistischen Analyse unterzogen (direkte Auswertung, s. Abschnitt 4.2). Im Prinzip hat diese Vorgehensweise folgende Vorteile für die praktische Handhabung:

- Die Stichprobe läßt sich ohne Einsatz einer Datenverarbeitungsanlage aus Abflußlisten oder Abflußganglinien ermitteln.

- Die Analyse muß nur für den tatsächlich interessierenden Schwellenwert Q_s durchgeführt werden.

Bei der Anwendung dieser "direkten" Methode zeigen sich schwerwiegende Nachteile:

- Die Stichproben enthalten mit abnehmendem Schwellenwert Q_s zunehmend Elemente D = 0. Das führt zu unterschiedlichen Häufigkeitsverteilungen (von solchen mit extrem großer Schiefe bis zu solchen mit angenäherter Gleichverteilung), die zum großen Teil mit den üblichen hydrologischen Verteilungsfunktionen nicht angepaßt werden können. Auch allgemein gültige Ansätze zur Transformation der Variablen als Ausweg aus dieser Schwierigkeit konnten nicht gefunden werden.

- Eine Behandlung der Stichproben ohne die Elemente D = 0 als gestutzte Serien (Verfahren Ib) ermöglicht zwar in vielen Fällen die Anpassung von in der Hydrologie üblichen Verteilungsfunktionen, führt aber häufig zu Widersprüchen in den Ergebnissen der Extrapolation: $Q_s(D_1) > Q_s(D_2)$ obwohl $D_1 < D_2$. Der Grund liegt hauptsächlich in der zu geringen Anzahl der Elemente D > 0 in den gestutzten Serien, was für verschiedene Q_s sprunghafte Änderungen der statistischen Parameter zur Folge haben kann.

Somit ist die direkte Gewinnung der Unterschreitungsdauer D für vorgegebene Schwellenwerte Q_s zur statistischen Analyse von maxD oder ΣD nicht allgemein geeignet.

Bei den V e r f a h r e n d e r G r u p p e II werden die Aussagen über die Wahrscheinlichkeit von Unterschreitungsdauern für vorgegebene Schwellenwerte Q_s indirekt gewonnen: Es werden die Unterschreitungsdauern vorgegeben und die zugehörigen Schwellenwerte Q_s ermittelt (Abschnitt 4.3). An die Stichproben der Q_s für verschieden gewählte Dauern werden Verteilungsfunktionen angepaßt und aus den Beziehungen $Q_s = f(D, T_n)$ die gesuchten $D = f(Q_s, T_n)$ abgeleitet. Der große Vorteil dieser Vorgehensweise besteht darin, daß man aus jedem Zeitabschnitt (Jahr) ein Stichprobenelement $Q_s > 0$ erhält. An diese Stichproben lassen sich alle schon bei der Untersuchung der Niedrigwasserkenngröße NMxQ als geeignet ermittelten Verteilungsfunktionen anpassen. Die Stichprobengewinnung ist aufwendiger als beim Verfahren I und erfordert den Einsatz einer Datenverarbeitungsanlage. Die Forderung, daß - anders als bei Gruppe I - in jedem Fall eine Analyse für mehrere vorgegebene Dauern D durchgeführt werden muß (etwa fünf Dauern), ist bei Verwendung einer Datenverarbeitungsanlage kein ins Gewicht fallendes Argument gegen diese Verfahren.

Bei der Bewertung der Verfahren der Gruppe II ist zu unterscheiden zwischen den Verfahren IIa und IIb auf der einen Seite und IIc auf der anderen. Wegen der Ähnlichkeit der Ansätze von IIa und IIb und des deutlich größeren Aufwandes für IIa wurde in der vorliegenden Arbeit nur der Ansatz IIb ausführlich untersucht (Abschnitte 4.3.1 und 4.3.2). Dabei ermittelt man die Q_S-Werte jedes Zeitabschnitts für vorgegebene Dauern durch Interpolation aus einer Tabelle, die zu vorgegebenen Schwellenwerten Q_S (im Abstand ΔQ_S) die zugehörigen Unterschreitungsdauern D enthält. Die Extrapolation der Schwellenwerte Q_S mit den verwendeten Verteilungsfunktionen führt zu einem ungleichmäßigen Verlauf der Beziehungen $Q_S = f(D,T_n)$, so daß ein zusätzlicher grafischer Ausgleich erforderlich wird. Damit kommt ein subjektives Element in dieses Verfahren.

Zur Umgehung dieser Schwierigkeit wurde im Verfahren IIc (Abschnitt 4.3.3) ein rechnerischer Ausgleich schon bei der Stichprobengewinnung vorgenommen. Die Stichprobenelemente $Q_S = f(D)$ wurden für jeden Zeitabschnitt durch einen Regressionsansatz $Q_S = NQ + a \cdot (D-1)^b$ ausgeglichen, der für D = 1d durch NQ verläuft und die Wertpaare $(D;Q_S)$ daraus berechnet. Trotz durchweg guter Anpassung mit hohen Korrelationskoeffizienten zeigen die Ergebnisse der Extrapolation $Q_S = f(D,T_n)$, daß bei den untersuchten Meßstellen systematische und z.T. gravierende Abweichungen zu den Ergebnissen nach Verfahren IIb auftreten. Der Grund ist offenbar eine entsprechende Veränderung der Ausgangsdaten durch den Regressionsansatz.

Aus den genannten Überlegungen und Untersuchungen verbleibt damit nur das Verfahren IIb als Möglichkeit zur statistischen Analyse der Unterschreitungsdauer D (maxD oder ΣD) von vorgegebenen Schwellenwerten Q_S.

Zur Anpassung an die Stichproben sind die Verteilungsfunktionen geeignet, die auch zur Analyse der Variablen NMxQ empfohlen werden: Log-Normal-, Log-Pearson 3- und Log-Extremal 3-Verteilung. Die Log-Extremal 3-Verteilung wurde hier nicht weiter untersucht, weil sie nach den Erfahrungen bei den Untersuchungen zu NMxQ fast identische Ergebnisse lieferte wie die Log-Pearson 3-Verteilung. Allgemein gilt, daß die Logarithmierung der Stichprobenelemente zu einem gleichmäßigeren Verlauf $Q_S = f(D,T_n)$ führt.

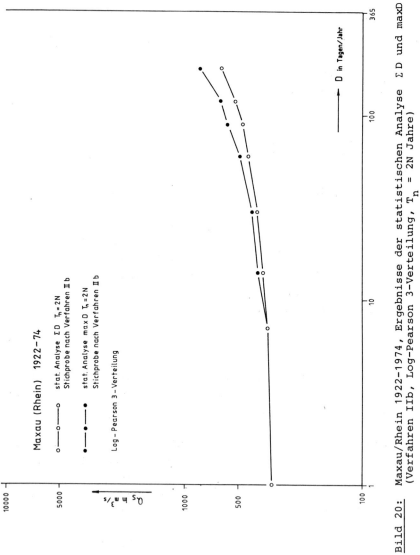

Bild 20: Maxau/Rhein 1922-1974, Ergebnisse der statistischen Analyse ΣD und maxD (Verfahren IIb, Log-Pearson 3-Verteilung, T_n = 2N Jahre)

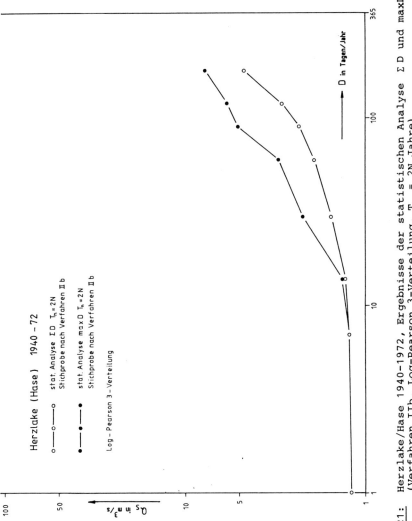

Bild 21: Herzlake/Hase 1940-1972, Ergebnisse der statistischen Analyse ΣD und maxD (Verfahren IIb, Log-Pearson 3-Verteilung, T_n = 2N Jahre)

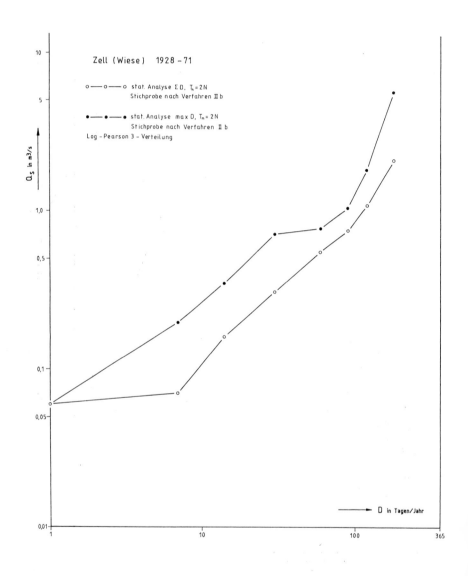

Bild 22: Zell/Wiese 1928-1971, Ergebnisse der statistischen Analyse ΣD und maxD (Verfahren IIb, Log-Pearson 3-Verteilung, $T_n = 2\,N$ Jahre)

In den Bildern 20 bis 22 sind die Ergebnisse maxD = $f(Q_s)$ und
$\Sigma D = f(Q_s)$ für die drei untersuchten Pegel dargestellt (Stichprobengewinnung nach Verfahren IIb, Anpassung der Log-Pearson 3-Verteilung, T_n = 2N Jahre).

5 UNTERSCHREITUNGSDAUERN VON NIEDRIGWASSERABFLÜSSEN AUS ABFLUSSDAUERZAHLEN

Um Aussagen über Häufigkeit und Dauer des Auftretens von Niedrigwasserperioden machen zu können, stehen seit langem die sogenannten Abflußdauerzahlen oder - in grafischer Form - die Abflußdauerlinien zur Verfügung. Sie sind nach [3] die Darstellung der Tageswerte Q in der Reihenfolge ihrer Größe und geben an, an wieviel Tagen des zugrundeliegenden Zeitabschnitts bestimmte Tageswerte des Abflusses unterschritten wurden. Die durchschnittlichen Unterschreitungstage für Jahresreihen erhält man durch Division der gesamten Unterschreitungstage durch die Anzahl der betrachteten Jahre. Für die meisten regelmäßig beobachteten Pegel werden Dauerzahlen für jedes Jahr sowie für die gesamte Beobachtungsdauer von den zuständigen gewässerkundlichen Dienststellen laufend ermittelt und teilweise auch in den Deutschen Gewässerkundlichen Jahrbüchern veröffentlicht.

Außerdem werden obere und untere Hüllkurven angegeben, welche die Einhüllenden der Dauerlinien aller Jahre des angegebenen Zeitraums sind. Bei den Hüllkurven handelt es sich im Prinzip um eine Aneinanderreihung der ungünstigsten Dauerlinienabschnitte der einzelnen Jahre (größte bzw. kleinste Abflüsse für vorgegebene Unterschreitungsdauer) und nicht um das "nasseste" oder "trockenste" Jahr des Zeitraums. Die oberen Hüllzahlen sind für Niedrigwasserprobleme weniger interessant, weil sie nur Abflüsse enthalten, die größer als das größte Jahres-NQ sind. Die allgemeinen Zusammenhänge zwischen den Dauerlinien und ihren Hüllkurven sind für den Fall von drei Beobachtungsjahren in Bild 23 dargestellt.

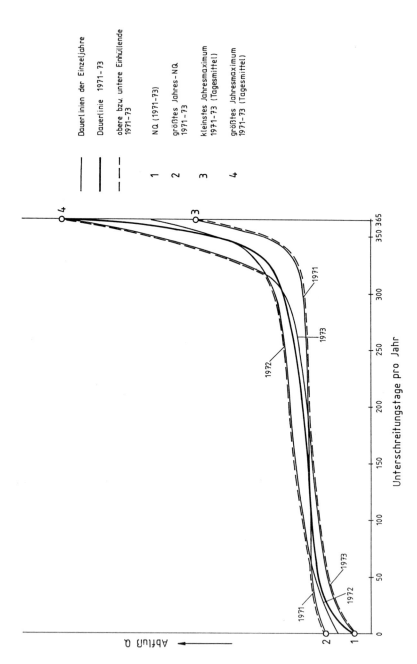

Bild 23: Dauerlinien und ihre Grenzwerte

Vergleicht man das Vorgehen bei der Ermittlung von Dauerzahlen mit dem der Stichprobengewinnung und statistischen Analyse der Variablen maxD (längste Unterschreitungsdauer eines Abflußschwellenwertes Q_s innerhalb eines Zeitabschnitts) und ΣD (Summe aller Unterschreitungsdauern von Q_s innerhalb eines Zeitabschnitts), ist festzustellen:

- Mit den Abflußdauerzahlen wird angegeben, an wieviel Tagen im Jahr ein Abfluß unterschritten wurde, unabhängig davon, ob es sich um aufeinanderfolgende Tage handelt oder nicht. Das entspricht der Definition der Variablen ΣD. Dagegen ist eine Aussage über die maximale Unterschreitungsdauer eines Abflusses, wie durch maxD definiert, mit Hilfe der Dauerzahlen nicht möglich.

- Die Dauerzahlen geben Unterschreitungsdauern von Abflüssen innerhalb der ausgewerteten Beobachtungsperiode an. Eine Wahrscheinlichkeitsaussage über Ereignisse bestimmter Wiederholungszeitspannen ist nicht möglich.

- Bei der Ermittlung der Dauerzahlen wird in Deutschland von einer Einteilung in Abflußjahre (1. November des vorangegangenen Jahres bis 31. Oktober) ausgegangen. Da bei dieser Einteilung die häufig über den 31.10./1.11. reichenden Niedrigwasserperioden in zwei Teilperioden getrennt werden, wurde in Abschnitt 4 bei der Ermittlung der ΣD- bwz. maxD-Werte von einem Bezugszeitraum 1.4. bis 31.3. des folgenden Jahres ausgegangen.

- Bei der Ermittlung der Dauerzahlen und bei der Stichprobengewinnung nach den Verfahren II (Abschnitt 4.3) werden unterschiedliche Mittelbildungen vorgenommen. Das sei anhand eines Beispiels aus Tafel 3 für die Jahre 1950-1953 erläutert: Bei der Berechnung der Dauerzahlen erhält man für $Q_s = 11\ m^3/s$ in den vier Jahren zusammen 0+1+5+50 = 56 Unterschreitungstage, also im Mittel 14 Tage pro Jahr. Bei der Stichprobengewinnung nach den Verfahren II ist für D = 14d der zugehörige Q_s-Wert für jedes Jahr durch Interpolation aus Tafel 3 zu ermitteln (1950: Q_s = 14,00 m³/s, 1951: Q_s = 12,16 m³/s, 1952: Q_s = 12,11 m³/s, 1953: Q_s = 10,27 m³/s). Der mittlere Q_s-Wert für die vier Jahre beträgt damit Q_s = 12,14 m³/s für D = 14d. An diesem Beispiel zeigt sich der vergleichsweise starke Einfluß des Trockenjahres 1953 bei der Ermittlung der Dauerzahlen.

Nach diesen Überlegungen sind vergleichbare Aussagen nur zwischen Dauerzahlen und den Ergebnissen der Analyse der Variablen ΣD zu erwarten, wenn auch mit den oben genannten Einschränkungen.

Um dennoch mit Hilfe von Dauerzahlen Aussagen über Wiederholungszeitspannen von Niedrigwasserdauern zu erhalten, wurden die Abflüsse Q_s für ausgewählte Unterschreitungsdauern den Dauerzahlen jedes Beobachtungsjahres entnommen. An diese Stichproben wurden wie in Abschnitt 4 verschiedene Verteilungsfunktionen angepaßt und die Werte Q_s für vorgegebene Wiederholungszeitspannen berechnet.

Der Unterschied dieser Methode der Stichprobengewinnung gegenüber den in Abschnitt 4 für ΣD beschriebenen liegt - außer im unterschiedlichen Bezugszeitraum - nur darin, daß nicht die Zeitreihe der Abflüsse Ausgangsbasis ist, sondern die der Größe nach geordneten Abflußwerte jedes Jahres. Soweit nur die Variable ΣD zu untersuchen ist und die Dauerzahlen der einzelnen Beobachtungsjahre vorliegen, erfordert diese Art der Stichprobengewinnung nur einen geringen Aufwand.

Die Berechnungen mit den aus Dauerzahlen gewonnenen Stichproben ΣD wurden wie in Abschnitt 4 für die Pegel Maxau/Rhein, Herzlake/Hase und Zell/Wiese durchgeführt. Die Ergebnisse sind in den Bildern 24 bis 26 dargestellt. Zum Vergleich sind die Ereignisse mit Stichprobengewinnung nach Verfahren IIb für T_n = 2N Jahre eingetragen. Der Vergleich zeigt nur geringe Unterschiede. Die bei der Gewinnung aus Dauerzahlen häufiger zu erwartende Teilung zusammenhängender Niedrigwasserereignisse

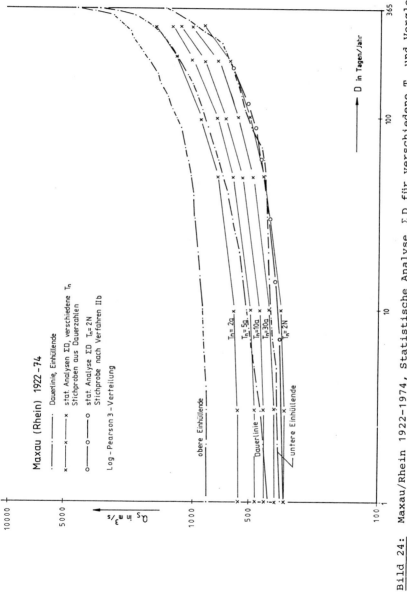

Bild 24: Maxau/Rhein 1922-1974, Statistische Analyse ΣD für verschiedene T_n und Vergleich mit Dauerlinien

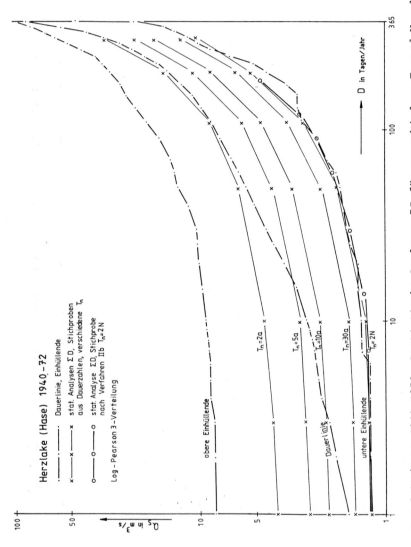

Bild 25: Herzlake/Hase 1940-1972, Statistische Analyse ΣD für verschiedene T_n und Vergleich mit Dauerlinien

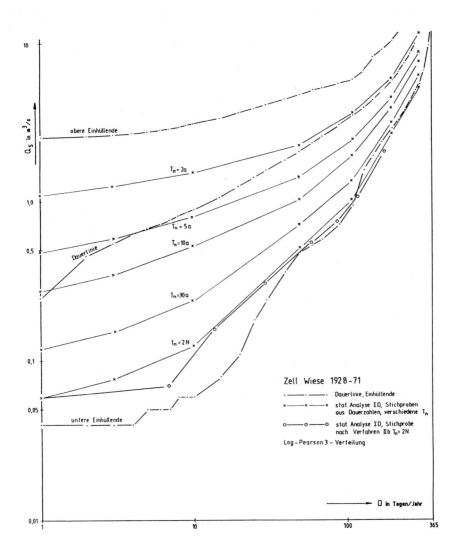

Bild 26: Zell/Wiese 1928-1971, Statistische Analyse ΣD für verschiedene T_n und Vergleich mit Dauerlinien

macht sich also bei den untersuchten Pegeln kaum bemerkbar.
Dieses Verfahren stellt damit, soweit nur die Kenngröße ΣD zu
untersuchen ist und die Dauerzahlen für jedes Beobachtungsjahr
vorliegen, eine einfache Alternative der Stichprobengewinnung
gegenüber den in Abschnitt 4 beschriebenen Ansätzen dar.

In den Bildern 24 bis 26 sind zum Vergleich mit den Ergebnissen
der statistischen Analyse der Kenngröße ΣD auch die aus dem
gleichen Beobachtungszeitraum ermittelte Abflußdauerlinie sowie
die Einhüllenden eingetragen. Dabei zeigt sich, daß die Dauerlinie im Bereich von ΣD größer als ungefähr 50 Tage einem Ereignis entspricht, dessen Abfluß etwa alle T_n = 2 Jahre einmal
erreicht oder unterschritten wird. Für kürzere Dauern ist keine
einheitliche Aussage möglich. Den Werten der Dauerlinie ent-
sprechen mit abnehmender Dauer immer größere Wiederholungszeitspannen T_n, weil die Dauerlinie für Null Tage Unterschreitung
den kleinsten Tagesabfluß der Beobachtungsreihe erreichen muß
(s. Bild 23). Die Dauerlinie ist damit durch einzelne extreme
Trockenperioden unmittelbar beeinflußt, während bei Anpassung
von Verteilungsfunktionen an Stichproben immer ein gewisser
Ausgleich von Einzelwerten erfolgt.

Die untere Umhüllende der Dauerlinien ist erwartungsgemäß ein
"seltenes" Ereignis. Nach den durchgeführten Untersuchungen
(s. Bilder 24 bis 26) ist ihnen eine Wiederholungszeitspanne
zuzuordnen, die größer ist als die Beobachtungsdauer, z.T.
größer als T_n = 2N Jahre.

6 ZUSAMMENFASSUNG

In ausgiebigen Studien unter Verwendung von täglichen Abflußdaten der Pegel Maxau/Rhein, Zell/Wiese und Herzlake/Hase hat
der Fachausschuß "Niedrigwasser" die üblichen Ansätze für die
Stichprobengewinnung, die Anpassung von Verteilungsfunktionen
und die Extremwertprognose bei Niedrigwasserdaten geprüft. Wie
schon in [1] bei Teil 1 der Empfehlung wurde dabei auf herkömm-

liche Methoden zurückgegriffen; noch nicht in die praktische Anwendung eingeführte oder noch nicht hinreichend anwendungsreife Verfahren, wie etwa mehrdimensionale Verteilungsfunktionen, blieben unberücksichtigt.

Besondere Schwierigkeiten ergaben sich bei der Frage eines geeigneten Verfahrens zur Stichprobengewinnung. Dazu wurden insgesamt fünf Möglichkeiten untersucht, davon zwei "direkte" Verfahren (bei vorgegebenem Schwellenwert Q_s) mit D bzw. ΣD als der zu analysierenden Zufallsvariablen und drei "indirekte" Verfahren, bei denen umgekehrt der Schwellenwert Q_s zu einer vorgegebenen Niedrigwasserdauer D als Zufallsvariable einzuführen ist. Die indirekten Verfahren ermöglichen Aussagen über maxD und ΣD erst mit einem zuvor statistisch abzusichernden Zusammenhang zwischen dem Schwellenwert Q_s (als Zielgröße), der Wiederholungszeitspanne T_n und der Niedrigwasserdauer maxD bzw. ΣD. Als sechste Möglichkeit, ΣD betreffend, wurde zum Vergleich schließlich noch die Ermittlung der Unterschreitungsdauern von Niedrigwasserabflüssen aus Abflußdauerzahlen hinzugezogen (Dauerlinien-Auswertung).

Die Niedrigwasserdauer als statistische Variable ist durch einige unangenehme Besonderheiten gekennzeichnet. Dazu gehört z.B. das Problem der Zuordnung der Dauer eines Niedrigwasserereignisses bei Überschreitung der Grenze des Zeitabschnitts (Überhangproblem; in [1] wurde ein Zeitabschnitt vom 1. April bis zum 31. März des folgenden Jahres empfohlen). Andere Schwierigkeiten ergeben sich bei längeren Niedrigwasserperioden, bei denen kurzfristige, geringe Schwellenwertüberschreitungen vorliegen, die das Ereignis aber für praktische Belange u.U. nicht wirksam unterbrechen. Ferner ist das Problem der Null-Elemente in der Stichprobe zu nennen, die sich bei jährlicher Serie um so eher ergeben, je niedriger der Schwellenwert angesetzt wird. Daraufhin wurde auch die Verwendung der partiellen und der gestutzten Serie erprobt, ohne daß sich ein befriedigendes Ergebnis einstellte. Ähnliches war bei Vornahme spezieller Datentransformationen festzustellen. Schließlich galt besondere Aufmerksamkeit den anzupassenden Verteilungsfunktionen. Der Fachausschuß hat vier in der Hydrologie gebräuchliche Verteilungsfunktionen für die Auswertung der Niedrigwasserdaten der genannten drei Pegel angewendet. Die Darstellungen in den folgenden Abschnitten beziehen sich jedoch hauptsächlich auf die (schon in [1] erläuterte) Log-Pearson 3-Verteilung.

Eine abschließende, im Fachausschuß diskutierte Wertung der verschiedenen Methoden für die Untersuchung der Niedrigwasserdauer ergab, daß für die Stichprobengewinnung in der Regel dem Verfahren IIb aus der Gruppe der "indirekten" Verfahren der Vorzug zu geben ist. Für die Anpassung einer Verteilungsfunktion an die damit gewonnene Stichprobe ist nach den bisherigen Untersuchungen die Log-Pearson 3-Verteilung besonders geeignet.

Die Aussagekraft einer Abflußdauerlinie unterscheidet sich von der hier vorgelegten statistischen Untersuchung der Unterschreitungsdauer dadurch, daß nur für die Variable ΣD im Bereich größerer Dauern ($\Sigma D > 50$ Tage) durchschnittliche Verhältnisse ($T_n \cong 2$ Jahre) wiedergegeben werden. Kleinere Unterschreitungsdauern ($\Sigma D < 50$ Tage) lassen sich statistisch nicht hinreichend sicher einordnen. Eine Aussage über die maximale Unterschreitungsdauer maxD ist mit der Dauerlinie von vorn herein nicht möglich.

7 SCHRIFTTUM

[1] Niedrigwasseranalyse, Teil I: Statistische Untersuchung des Niedrigwasser-Abflusses, DVWK-Fachausschuß "Niedrigwasser", DVWK-Regeln zur Wasserwirtschaft, Heft 120, 1983, Verlag Paul Parey, Hamburg und Berlin.

[2] Analyse und Berechnung oberirdischer Abflüsse, Teil I: Beitrag zur statistischen Analyse von Niedrigwasserabflüssen, DVWK-Fachausschuß "Niedrigwasser", DVWK-Schriften, Heft 46, 1980, Verlag Paul Parey, Hamburg und Berlin.

[3] Pegelvorschrift, Länderarbeitsgemeinschaft Wasser (LAWA) u. Bundesminister für Verkehr (BMV), 3. Aufl. 1978, Verlag Paul Parey, Hamburg und Berlin.

II.

Studie zur statistischen Analyse von Starkregen

Prof. Dr.-Ing. Rainer Draschoff

1 BEMERKUNGEN ZUM NIEDERSCHLAGSPROZESS UND ZUR DEFINITION VON STARKREGEN

Der Niederschlagsprozess ist eine komplexe Funktion von Ort und Zeit. Im mitteleuropäischen Raum ist er stark vom Jahreszyklus geprägt, kann aber über lange Jahresreihen hin für die statistische Analyse als ausreichend zufällig betrachtet werden. Das gilt insbesondere für Datenserien von Starkregen.

Starkregen bilden eine Auswahl der stärkeren Ereignisse aus dem gesamten physikalischen Niederschlagsprozess, die vor allem bei der Dimensionierung von Einrichtungen der Regenwasserableitung eine grundlegende Bedeutung haben.

Zur Definition des Begriffes Starkregen sind die mittlere Niederschlagsintensität $i = h_N/t$, die betrachtete Dauerstufe D und die örtliche Ausdehnung notwendig zu berücksichtigen.

Abweichend von der in der Literatur üblichen physikalischen Eingrenzung durch Angabe eines Intensitätsgrenzwertes erscheint eine statistische Definition praktisch sinnvoller.

Starkregen sind Regenereignisse, die innerhalb einer betrachteten Dauerstufe D eine Regenhöhe h_N aufweisen, die im Mittel alle Jahre nur x-mal erreicht oder überschritten wird. x mag hier beispielsweise mit 5 bis 10 eingesetzt werden.

So sind mathematisch auch Starkregen für größere Dauerstufen mit mehreren wirksamen Regenabschnitten zu definieren.

Diese an der praktischen hydrologischen Verwendung orien-

tierte Definition berücksichtigt nicht, ob Regen aus konvektiven Strömungsprozessen (Gewitterregen, Schauer) oder aus orografischen, advektiven Prozessen (großräumigere, längerdauernde Niederschläge) resultieren. Gleichwohl ist intuitiv einsichtig und auch zu beweisen, daß die Starkregen kürzerer Dauerstufen mehrheitlich konvektiven Ursrunges sind und daß mit längeren Dauerstufen mehr und mehr auch Regen orografischen Ursprunges einbezogen sind, so daß Mischkollektive entstehen.
Es soll hier nicht verschwiegen werden, daß die mathematische Analyse der Starkregen dadurch beeinträchtigt wird.

Auch andere Eigenschaften des Niederschlagsprozesses erschweren die statistische Analyse und beeinträchtigen die Aussagekraft.
Im mitteleuropäischen Raum bedingen die Klimaschwankungen des Jahresrythmus eine Häufung der konvektiven Starkregen in den Sommermonaten, so daß für die Analyse der kurzen Starkregen winterliche Regenereignisse kaum Bedeutung haben. Bei Betrachtung längerer Dauerstufen erhalten die Ereignisse der Wintermonate zunehmend Gewicht.

Längerfristige Schwankungen des Niederschlagsprozesses, eventuell über mehrjährige Zyklen, sind nicht ausgeschlossen, da in der Vergangenheit Zeiträume mit unterdurchschnittlichen und überdurchschnittlichen Niederschlägen beobachtet wurden. Für eine fundierte statistische Analyse sind deshalb lange Beobachtungszeiträume notwendig.
Doch gerade für kurze Dauerstufen sind oft nicht ausreichend lange Meßreihen verfügbar. Man muß sich deshalb mit den in der Hydrologie (leider!) üblichen Ansprüchen an die statistische Aussagesicherheit begnügen. Der aus den verfügbaren Meßdaten zu erzielende Stichprobenumfang ist für hohen mathematischen Anspruch immer zu gering.

Wegen der Forderung nach unabhängigen Stichprobenelementen ist die Auswahl nur eines Wertes pro Jahreszyklus für die mathematische Behandlung am besten geeignet.

Auch unter praktischen ingenieurmäßigen Aspekten sind wenigstens 30 Jahre Beobachtungszeitraum wünschenswert. Bei weniger als 15 Jahren Beobachtungszeitraum ist der Aussagewert einer statistischen Analyse über das arithmetische Mittel hinaus, insbesondere zur Extrapolation seltener Eintrittshäufigkeiten, zu gering. Doch auch Eintrittshäufigkeiten von Ereignissen im Bereich des Mittelwertes wie etwa die einjährliche Überschreitungshäufigkeit können dann stark vom tatsächlichen Erwartungswert abweichen.

2 WASSERWIRTSCHAFTLICHE FRAGESTELLUNG

2.1 EINFÜHRUNG

Zur wirtschaftlichen Dimensionierung von Vorflutern, städtischen Kanalnetzen und Bauwerken, die der Ableitung und Speicherung von Regenwasser dienen, wird die beobachtete Zeitreihe des verursachenden Niederschlages

$$h_N = f(Ort, Zeit)$$

herangezogen.

Dazu werden langfristig gemessene und archivierte Regenaufzeichnungen zielgerichtet ausgewertet, so daß man statistisch verdichtete Aussagen über den komplexen Niederschlagsprozess erhält. Eine Universalauswertung ist nicht möglich. Notfalls sollte man auf die gemessenen Urdaten mit dem gesamten Informationsgehalt zurückgreifen.

Die im folgenden erläuterte statistische Auswertung von Starkregen schafft Grundlagen für die Dimensionierung von städtischen Regenwasserableitungen und Vorflutern. Sie hat das Ziel, Aussagen über Starkregenhöhen h_N beziehungsweise Starkregenspenden r in Abhängigkeit der Dauer D und der jährlichen Überschreitungshäufigkeit n für einen Ortspunkt bzw. eine kleinere abgeschlossene Region zu liefern.

Die Verfahren zur statistischen Analyse der Meßdaten eines Ortspunktes ("Punktniederschlag") und der berechneten mittleren Niederschlagshöhen einer Region ("Gebietsniederschlag") sind identisch.

Seit langem bereits sind mit Hilfe empirischer und grafischer Auswertemethoden die Reinholdschen Regenreihen entstanden, die eine der wichtigsten siedlungswasserwirtschaftlichen Grundlagen bilden.

Reinhold fand die empirische Funktion

$$r(t,n) = r(15,1) \cdot f(t,n)$$

$$f(t,n) = \frac{38}{t+9} \cdot \left(\frac{1}{\sqrt[4]{n}} - 0{,}369 \right) \qquad (1)$$

t = Zeitdauer in Minuten
n = jährliche Überschreitungshäufigkeit

Dabei ist r(15,1) (Regenspende während einer 15-minütigen Dauerstufe, welche im Durchschnitt alle Jahre einmal erreicht wird) die einzige regional bezogene Kenngröße.

Die "Zeitbeiwertfunktion" f(t,n) nach Reinhold hingegen -mathematisch eine Funktion der beiden unabhängigen Variablen n und t-, stellt vom Ansatz her eine allgemeingültige Beziehung der Dauer und Häufigkeit dar.

Es wird nicht daran gezweifelt, daß die damals zur Verfügung stehenden Naturbeobachtungen in ihrer Gesamtheit durch den gefundenen Ansatz bestmöglich angepaßt wurden. Die Arbeit von Reinhold [12] ist und bleibt eine Pionierleistung.

Es sprechen jedoch gewichtige Gründe dafür, heute den Ansatz zu überdenken und die Parameter zu überprüfen.

1.) Es stehen mehr und längere Zeitreihen von Starkregenbeobachtungen zur Verfügung. Es ist bekannt, daß jedes statistische Ergebnis mit zunehmendem Stichprobenumfang der Ausgangsdaten an Aussagesicherheit gewinnt.

2.) Die mathematisch statistischen Methoden sind verbessert. Durch den Einsatz von leistungsfähigen Datenverarbeitungsanlagen stehen heute gegenüber früher überlegene Rechenhilfsmittel zur Verfügung, mit denen auch große Mengen von Naturmeßdaten sicher zu bewältigen sind.

2.2 KONZEPTION DER STATISTISCHEN STARKREGENANALYSE ZUR ERMITTLUNG DER DAUER-HÄUFIGKEITSBEZIEHUNGEN

Eine moderne Starkregenanalyse geht von folgendem Grundverständnis aus:

Aus dem langfristig beobachteten Niederschlagsprozess werden Datenserien von Starkregen gebildet, die bestmöglich mit den Voraussetzungen der mathematischen Statistik in Einklang stehen müssen.

Da es nicht praktikabel ist, das Merkmal Regendauer D allgemeingültig (für Netze verschiedener Größenordnungen und Gefällverhältnisse) als unabhängiges statistisches Merkmal einer eventuell zweidimensionalen Verteilung zu definieren, wird die Dauer als fester Parameter einer eindimensionalen statistischen Analyse mitgeführt.

Unabhängiges Merkmal ist die Regenhöhe h_N bzw. mittlere Regenspende r bezüglich einer vorgegebenen Dauerstufe D.

Um den gewünschten Zusammenhang h_N bzw. $r = f(t,n)$ zu erhalten, ist somit ein zweistufiges Verfahren erforderlich.

1. Verfahrensstufe

Man wählt eine Dauerstufe D und untersucht die Datenserie der Niederschlagshöhen innerhalb dieser vorgegebenen Dauerstufe.

Wenn die Voraussetzungen der Stationarität und der Zufälligkeit (Unabhängigkeit der Ereignisse) genügend gut erfüllt sind, ist es gerechtfertigt, die Stichprobe als Abbild einer theoretischen (unendlichen) Grundgesamtheit zu betrachten, deren mathematische Beschreibung aus eben dieser Stichprobe abgeleitet werden kann.

Die so gefundene Verteilungsfunktion der Grundgesamtheit liefert Aussagen über die wahrscheinlichen Eintrittshäufigkeiten beobachteter oder vorausgesetzter Niederschlagshöhen.

Der Zusammenhang zwischen dem Merkmal Niederschlagshöhe pro vorgegebener Dauerstufe und der jährlichen Überschreitungshäufigkeit ist durch diese eindimensionale statistische Verteilungsfunktion der Grundgesamtheit (welcher die beobachtete Stichprobe entstammt) beschrieben.

So stellt sich die 1. Stufe der Starkregenanalyse als Schätzung der Parameter einer geeigneten Verteilungsfunktion dar.

In der Hydrologie ist es üblich, die Verteilungsfunktion in der Form

$$x = \bar{x} + S \cdot K(P) \qquad (2)$$

zu schreiben.

Hierin bedeuten:

$\bar{x}$ ein statistischer Parameter 1. Ordnung (z.B. Mittelwert der Stichprobe)
S ein statistischer Parameter 2. Ordnung (z.B. Standardabweichung der Stichprobe)
x Wert des betrachteten Ordnungsmerkmales (z.B. Niederschlagshöhe h_N)
K(P) normierte (parameterfreie) Verteilungsfunktion in Abhängigkeit der Unterschreitungswahrscheinlichkeit P. (Die jährliche Überschreitungshäufigkeit n bzw. das jährliche Wiederkehrintervall T gehen direkt aus der Verteilungsfunktion hervor. - siehe Abschnitt 4.1 -).

2. Verfahrensstufe

Zwischen den verschiedenen Dauerstufen ist ein mathematischer Zusammenhang zu suchen.

Grafische Auftragungen von Niederschlagshöhen gleicher Überschreitungshäufigkeit bei verschiedenen Dauern (Regenreihen!) weisen auf die Existenz eines funktionalen (regressiven) Zusammenhanges hin. Zur Ermittlung der entsprechenden empirischen Funktionen wählt man zunächst die allgemeine Gestalt der Formel und bestimmt deren numerische Koeffizienten in der Regel bestmöglich nach der Methode der "kleinsten Quadrate" (mathematische Ausgleichung).

Der mathematische Ausgleich zwischen den in der ersten Stufe berechneten statistischen Parametern über die verschiedenen Dauerstufen führt meist zu straffem funktionalen Zusammenhang ähnlich Bild 1.

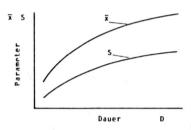

Bild 1: Regressiver Zusammenhang der statistischen Parameter verschiedener Dauerstufen

Die Kopplung dieser Funktionen ($\bar{x}(D)$, $S(D)$) mit der Verteilungsfunktion (2) ergibt eine allgemeine mathematische Beschreibung der Niederschlagshöhen (bzw. Regenintensitäten oder Regenspenden) in Abhängigkeit der Kenngrößen Dauer und Häufigkeit.

$$x = \bar{x}(D) + S(D) \cdot K(P) \tag{3}$$

Es ist zu beachten, daß die Regressionsfunktionen $\bar{x}(D)$ und $S(D)$ jeweils zwei bis drei freie aus den Beobachtungsdaten bestimmbare Koeffizienten aufweisen.

Bei Verwendung von besonders flexiblen statistischen Verteilungsfunktionen mit zusätzlich variablem Schiefeparameter wären beim Ausgleich über die Dauerstufen auch dafür Regressionskoeffizienten zu bestimmen.

Im Hinblick auf die angestrebte Verfahrensverallgemeinerung sollte die Gesamtzahl der freien Koeffizienten eher gering gehalten werden.

Untersuchungen über Starkregenhäufigkeiten im Emscher-Lippe-Gebiet (Stalmann [13]) mit der 3-parametrigen Log-Pearson-Verteilung führten bei der Regionalisierung der sommerlichen Ergebnisse schließlich zu zulässigen Vereinfachungen mit Einheitswerten für den Schiefeparameter und sogar für die Standardabweichung.

3 DATENSERIEN DER STATISTISCHEN STARKREGENANALYSE

3.1 ALLGEMEINE HINWEISE

Die Bereinigung des beobachteten Niederschlagsverlaufes von Meßfehlern, systematischen Verfälschungen und Meßausfällen wird vorausgesetzt.

Ausgangsdatenmaterial kann die auf Schreibstreifen registrierte Summenlinie des Niederschlags, eine kontinuierliche Folge äquidistanter t-minütiger, stündlicher oder täglicher Niederschlagshöhen oder die näherungsweise Aufnahme der kontinuierlichen Registrierung nach erkennbaren Knickpunkten sein.

Aus den vorhandenen Ausgangsdaten werden für eine vorgegebene Dauerstufe D die Niederschlagshöhen bzw. mittleren Niederschlagsintensitäten oder mittleren Regenspenden zu

Datenstichproben zusammengefaßt. Wegen der erforderlichen Vorausetzungen für eine mathematisch statistische Behandlung ist es erforderlich, daß die Stichprobenelemente Zufallsereignisse darstellen.

In diesem Zusammenhang sind die folgenden Typen von Datenserien zu unterscheiden:

3.2 DIE VOLLSTÄNDIGE SERIE

Sie enthält für die betrachtete Dauerstufe D alle beobachteten Ereignisse (also auch die geringen Niederschlagshöhen).

Praktisch kann man für die vollständige Datenserie mit dem Merkmal Niederschlagshöhe innerhalb der Dauerstufe D nur fordern, daß die einzelnen Ereignisse disjunkt sind. Damit sind Intervallüberlappungen und Mehrfachzählungen einzelner Regenabschnitte ausgeschlossen.

Es ist jedoch keinesfalls sichergestellt, daß die Stichprobenelemente eine unter gleichen Bedingungen gewonnene Zufallsauswahl darstellen und physikalisch unabhängig voneinander sind.
(Tägliche Niederschlagshöhen-Ablesungen bilden beispielsweise eine solche vollständige Serie.)

Erst wenn Dauerstufen $D > 1$ Monat oder besser noch $D \geq 1$ Jahr zu untersuchen sind, ist die Verwendung der vollständigen Datenserie für die statistische (Starkregen-) Analyse zu empfehlen, da mit zunehmender Dauer des untersuchten Zeitabschnittes durch die Addition starker und schwacher Niederschlagsabschnitte innerhalb eines Ereignisses ohnehin von Starkregen nicht mehr gesprochen werden kann. Somit werden für die Wahrscheinlichkeitsverteilung alle Stichprobenelemente wichtig.

Bei kurzen Dauerstufen entstehen mit Einbeziehung aller Stichprobenelemente der vollständigen Datenserie Wahrscheinlichkeitsverteilungen, die nur zu einem Bruchteil wirkliche Starkregenereignisse beinhalten (Bild 2). Ganz abgesehen davon, daß die Ereignisunabhängigkeit kaum gewahrt ist, leidet bei der Gesamtanpassung einer solchen Wahrscheinlichkeitsverteilung die mathematische Anpassung im Bereich der interessierenden Starkregen.

3.3 DIE PARTIELLE DATENSERIE

Es liegt nahe, den Anteil der Starkregenereignisse aus der vollständigen Datenserie herauszuheben und für die statistische Analyse nur eine partielle Serie (siehe Bild 2) zu verwenden.

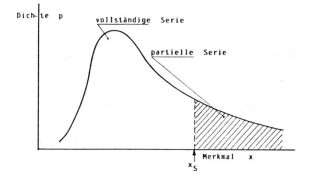

Bild 2: Partielle Serie als Teil einer vollständigen Datenserie

Die partielle Serie ist genau der Teil der vollständigen Serie, der alle Ereignisse größer einem Schwellenwert ($x \geq x_S$) berücksichtigt. Sie ist damit ein kompletter Teilabschnitt der vollständigen Serie.

Die hieraus abgeleiteten Aussagen über Eintrittswahrscheinkeiten bestimmter Starkregenhöhen bzw. -intensitäten müssen sich prinzipiell mit den Aussagen bezüglich der vollständigen Serie decken, was auch zu fordern ist.

Die Analyse der partiellen Datenserie gegenüber der vollständigen Serie bietet folgende Vorteile:

- Die mathematische Anpassung (bzw. Parameterschätzung) bezieht sich allein auf den Merkmalsbereich der relevanten Starkregen und ist damit der Gesamtanpassung der vollständigen Serie für diesen besonders interessierenden Bereich überlegen.

- Die Wahrscheinlichkeit, daß die Elemente der partiellen Serie physikalisch voneinander unabhängig sind, ist größer als für die vollständige Serie, da eine Auswahl der Ereignisse getroffen wird. Es ist anzunehmen, daß die größeren Merkmalswerte eher verschiedenen unabhängigen Wetterlagen der gesamten beobachteten Zeitreihe entstammen, als alle aufeinanderfolgenden Regenereignisse.

Bei Verwendung partieller Serien ist zu beachten:

- Der Schwellenwert x_S ist wegen der Forderung nach voneinander unabhängigen Stichprobenelementen nicht zu niedrig anzusetzen. Zweckmäßig wählt man x_S derart, daß 2-3 mal so viele Stichprobenelemente wie Beobachtungsjahre auftreten.

- Aus einem zusammenhängenden Regenereignis sollte möglichst nur ein Stichprobenelement ausgewählt werden.(In der noch heute oft zitierten AAR [1] ist diese statistische Forderung nach physikalischer Unabhängigkeit der Ereignisse nicht beachtet.)

Die partielle Datenserie (Bild 2) müßte theoretisch exponetial-verteilt sein. Da ihre Wahrscheinlichkeitsdichtefunktion nur einen Teilabschnitt der Dichtefunktion der vollständigen Datenserie abbildet, kann man davon ausgehen, daß der sonst häufig vorausgesetzte glockenförmige Verlauf hier nicht auftritt. Die mathematische Funktion einer an die beobachtete partielle Serie anzupassenden theoretischen Grundgesamtheit sollte deshalb in der Regel dem typischen exponentiellen Verlauf Rechnung tragen. Wegen dieser Forderung kommen vor allem entsprechende spezielle Verteilungsfunktion in Betracht.

Es ist sofort plausibel, daß der arithmetische Mittelwert der Stichprobe eine Funktion des festgesetzten Schwellenwertes x_S ist und damit direkt vom Stichprobenumfang abhängt. Dagegen sind die statistischen Parameter Standardabweichung und Schiefe umso weniger von Schwellenwert x_S und Stichprobenumfang L abhängig, je besser die Verteilung der Beobachtungsdaten durch exponentiellen Funktionsverlauf angenähert wird.

3.4 DIE JÄHRLICHE DATENSERIE

Die mathematisch-statistische Forderung nach Zufallsereignissen, die gleichen Bedingungen unterliegen, führt konsequenterweise auf jährliche Datenserien.

Die jährliche Datenserie beinhaltet eine spezielle Auswahl der gesamten Beobachtungsdaten der vollständigen Serie. Von jedem Beobachtungsjahr (- das Niederschlagsverhalten ist jahreszyklisch geprägt -) wird lediglich der beobachtete Maximalwert innerhalb der betrachteten Dauerstufe ausgewählt. Man erhält bei M Beobachtungsjahren Datenserien mit genau L=M Stichprobenelementen, die jeweils den jährlichen Extremwert darstellen (Serie der Extremwerte).

Die jährliche Serie erfüllt damit die grundlegenden Voraussetzungen der Extremwertstatistik, deren mathematisch statistisches Fundament von Gumbel [7] begründet wurde, relativ gut.

Die Verteilung der Wahrscheinlichkeitsdichte jährlicher extremer Niederschlagsbeobachtungen ist meist glockenförmig mit nach links verschobenem Gipfel (Bild 3).

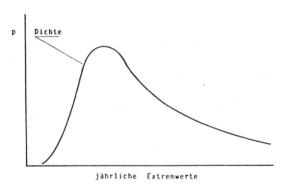

Bild 3: Typische Dichteverteilung jährlicher Extremwerte

Die jährliche Datenserie der Niederschlagsbeobachtungen ist von den Voraussetzungen her für die statistische Analyse am besten geeignet, weil die Unabhängigkeit der einzelnen Stichprobenelemente (nur 1 Wert pro Jahreszyklus) gut gewahrt ist.

Bei der Deutung der statistischen Parameter ist jedoch der folgende wichtige Hinweis zu beachten:

- Häufigkeitsaussagen aus jährlichen Serien gelten exakt auch nur für Jahresextremwerte, denn 2.- und 3.- größte Werte des Jahres sind nicht Bestandteil der verwendeten Stichproben.

Da im allgemeinen diese Merkmalsbeschränkung nicht gewollt ist, wird die Transformation der Häufigkeitsaussagen jährlicher Serien auf entsprechende Stichproben mit sämtlichen großen Merkmalswerten (vollständige bzw. partielle Datenserien) notwendiger Bestandteil der Analyse.
Es besteht eine theoretisch begründete und praktisch erprobte Transformationsbeziehung zwischen korrespondierenden jährlichen und den vollständigen bzw. partiellen Datenserien (siehe Abschnitt 3.5).

Die jährliche Serie sollte bevorzugt als Grundlage für die statistische Häufigkeitsanalyse der Starkregen verwendet werden, wenn ein Beobachtungszeitraum von wenigstens $M = 20$ Jahren vorliegt.

Bei kürzeren Jahresreihen ($M < 20$ Jahre) verringert sich je nach Extrapolationszeitraum die Aussagesicherheit naturgemäß. Je kleiner M, desto unsicherer wird, ob die beobachtete Stichprobe die gesuchte tatsächliche Grundgesamtheit der Starkregen repräsentiert, da die Parameter der Grundgesamtheit dann aus entsprechend geringem Sichprobenumfang abgeschätzt werden müssen.

Jahresreihen $M < 15$ Jahre erlauben im allgemeinen keine sichere Aussage über Eintrittswahrscheinlichkeiten von Starkregen mehr.

Bei vorliegenden Beobachtungszeiträumen ($10 < M < 20$ Jahre) sollten jeweils korrespondierende jährliche und partielle

Datenserien analysiert werden. Die Mittelung der korrespondierenden theoretisch gleichwertigen Parameter erlaubt einen gewissen Fehlerausgleich.

3.5 MATHEMATISCHER ZUSAMMENHANG ZWISCHEN KORRESPONDIERENDEN JÄHRLICHEN UND PARTIELLEN DATENSERIEN

Die Elemente der jährlichen sowie auch der partiellen Serie bilden echte Teilmengen der vollständigen Datenserie. Die größten Werte der vollständigen Serie, bis zu einem Schwellenwert x_S hinab, sind identisch mit den Elementen der partiellen Serie. Die größeren Werte der partiellen Serie gehören gleichzeitig auch der korrespondierenden jährlichen Serie an.

Zwischen den Häufigkeitsaussagen der drei genannten korrespondierenden Datenserien existieren theoretisch eindeutige mathematische Beziehungen.

Die aus der partiellen Serie ermittelten Überschreitungswahrscheinlichkeiten bestimmter Merkmalsgrößen sind naturgemäß identisch mit denen der vollständigen Serie. Unterschiede treten zwischen jährlichen und partiellen (bzw. vollständigen) Serien auf.

Die mathematischen Zusammenhänge wurden von Langbein [11], Chow [2], Draschoff [4] und Kluge [9] beschrieben. Dabei wurde vorausgesetzt, daß auch die Elemente der vollständigen Serie unabhängige Zufallsgrößen darstellen. Obwohl diese Voraussetzung nicht ganz zutreffend ist, haben praktische Vergleichsuntersuchungen an Starkregen-Datenserien die gefundene Beziehung (5) wiederholt bestätigt.

Eine entsprechende Umrechnung ist ebenfalls in den DVWK-Empfehlungen zur Berechnung der Hochwasserwahrscheinlichkeit [10] zur Anwendung empfohlen.

Für die Verteilungsfunktionen korrespondierender jährlicher und partieller Datenserien gilt nach [4]:

$$P_{jS} = e^{\frac{L}{M} \cdot (P_{pS} - 1)} \tag{4}$$

mit

L Anzahl der Elemente der partiellen Serie
M Anzahl der Beobachtungsjahre
P_{jS} Unterschreitungswahrscheinlichkeit bezogen auf die jährliche Datenserie
P_{pS} Unterschreitungswahrscheinlichkeit bezogen auf die partielle Datenserie.

Aus Gl. (4) ergibt sich für die in der Siedlungswasserwirtschaft gebräuchlichen jährlichen Überschreitungshäufigkeiten:

$$n_{jS} = 1 - e^{-n_{pS}}$$

bzw. (5)

$$n_{pS} = -\ln(1 - n_{jS})$$

mit

n_{jS} jährliche Überschreitungshäufigkeit bezogen auf die jährliche Datenserie ($n_{jS} < 1$)

n_{pS} jährliche Überschreitungshäufigkeit bezogen auf die partielle (und damit auch auf die vollständige) Datenserie.

Im folgenden Bild 4 ist der Zusammenhang der jährlichen Überschreitungshäufigkeiten n grafisch aufgetragen. Geringe Überschreitungshäufigkeiten (bis etwa n < 0.1) ergeben sich danach für partielle und jährliche Serien fast identisch. Dagegen müssen die im Bereich der Stadtentwässerung wichtigen größeren jährlichen Überschreitungshäufigkeiten n $\geq$ 0.1 bei Verwendung jährlicher Datenserien nach Gl. (5) korrigiert werden.

Ist z.B. ein Merkmalswert mit jährlicher Überschreitungshäufigkeit n = 1 gefragt (also eine Starkregenhöhe, die durchschnittlich einmal im Jahr erreicht oder überschritten wird), so muß die entsprechende Starkregenhöhe in der Verteilungsfunktion der jährlichen Datenserie bei der Überschreitungshäufigkeit n_{jS} = 0.63 abgelesen werden.

4 STATISTISCHE VERTEILUNGSFUNKTIONEN UND PARAMETERSCHÄTZUNG

4.1 HÄUFIGKEITSBEGRIFF UND KENNGRÖSSEN DER VERTEILUNGSFUNKTIONEN

Grundlage der statistischen Analyse ist die Datenstichprobe der Niederschlagshöhen bzw. mittleren Niederschlagsintensitäten für eine vorgegebene Dauerstufe D.

Es wird angenommen, daß diese zufällige Stichprobe die

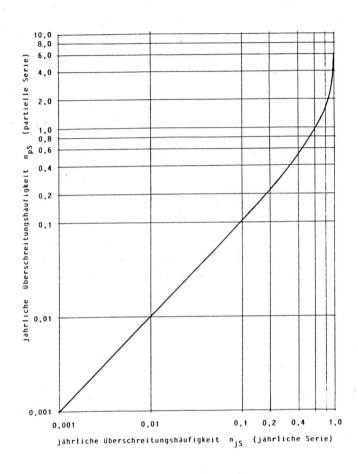

Bild 4: Beziehung der jährlichen Überschreitungshäufigkeiten zwischen korrespondierenden jährlichen und partiellen Datenserien

Grundgesamtheit aller denkbaren Elemente repräsentiert.

Ordnet man die L Elemente der endlichen Stichprobe mit den in einem Zeitraum von M Jahren beobachteten Niederschlagsdaten ihrer Größe nach und trägt die für jede Merkmalsstufe j gefundene Anzahl z_j von Ereignissen in ein Histogramm ein, so erhält man die bekannten Häufigkeitsdiagramme.

Zur Normierung und besseren Vergleichbarkeit werden die gefundenen Anzahlen von Ereignissen pro Merkmalsstufe durch die Gesamtzahl L aller beobachteten Ereignisse der Stichprobe dividiert. Man erhält dadurch die relativen Häufigkeiten

$$h_j = \frac{z_j}{L} \quad \text{und es gilt} \quad \sum h_j = 1 \; .$$

Die folgenden qualitativ dargestellten Diagramme der relativen Häufigkeit (Bild 5) zeigen zwei charakteristische Formen für Datenserien der statistischen Starkregenanalyse.

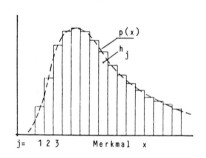
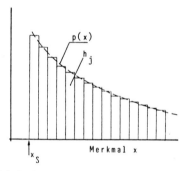

a) Verlauf der relativen Häufigkeit für jährl. Datenserien

b) Verlauf der relativen Häufigkeit für partielle Datenserien

Bild 5: Charakteristische Häufigkeitsverteilungen von Starkregen- Datenserien

Neben der relativen Häufigkeit ist in Bild 5 auch ein angeglichener stetiger Funktionsverlauf gestrichelt eingezeichnet.

Es wird angenommen, daß dieser stetige Funktionsverlauf die unbekannte Grundgesamtheit, der die Stichprobe entnommen wurde, repräsentiert.

Die mathematische Funktion läßt sich mit Hilfe geeigneter Parameter beschreiben. Aufgabe ist die bestmögliche Bestimmung der Parameter aus der begrenzten Stichprobe und damit die Ermittlung des Funktionsverlaufes der angenommenen Grundgesamtheit.

Die Funktion $p(x)$ wird als Wahrscheinlichkeitsdichte bezeichnet.

Infolge der Normierung zu relativen Häufigkeiten hat die gesamte Fläche unter der Dichtefunktion den Wert 1 ($\int p(x) \, dx = 1$).

Das Integral der Dichtefunktion

$$P(x) = \int_{t=-\infty}^{x} p(t) \, dt$$

wird als Verteilungsfunktion bezeichnet.

Der Wert $P(x)$ entspricht der relativen Summenhäufigkeit $H(x) = \sum h_j$ (für alle Merkmalswerte $< x$) der Stichprobe und ist gleich der statistischen Wahrscheinlichkeit, daß der Merkmalswert x unterschritten bleibt oder gerade erreicht wird.

Häufig ist die Wahrscheinlichkeit dafür, daß ein bestimmter Merkmalswert R erreicht oder überschritten wird, von Interesse.

$$W_R = W_{x \geq R} = 1-P(R)$$

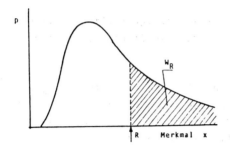

Bild 6: Definition der Überschreitungswahrscheinlichkeit

Die Überschreitungswahrscheinlichkeit W_R ist gleich der Fläche unterhalb der Wahrscheinlichkeitsdichtefunktion im Merkmalsabschnitt $x \geq R$.

In der Wasserwirtschaft haben sich die Definitionen für zwei weitere auf das Jahr bezogene absolute Häufigkeitsbegriffe als zweckmäßig erwiesen.

$$n = \frac{L}{M} \cdot W_R = \frac{L}{M} \cdot (1-P_R)$$

$$T = 1/n$$

\} (6)

n   ist die durchschnittliche Anzahl der Ereignisse pro Jahr, für die der Merkmalswert R erreicht oder überschritten wird ($x \geq R$).

T   ist die Jährlichkeit eines Ereignisses oder auch

durchschnittliche Wiederholungszeitspanne in Jahren für einen Merkmalswert $x \geq R$.

Zur mathematischen Beschreibung der gesamten Wahrscheinlichkeitsdichtefunktion bzw. der Verteilungsfunktion dienen in der Regel die folgenden Parameter:

- Arithmetisches Mittel $\quad \mu = \int_{-\infty}^{\infty} x \cdot p(x) dx$

- Streuung $\quad \sigma^2 = \int_{\infty}^{\infty} (x-\mu)^2 \cdot p(x) dx \qquad \}\ (7)$

- Schiefe $\quad \gamma = \int_{\infty}^{\infty} (x-\mu)^3 \cdot p(x) dx$

Als Schätzformeln für diese statistischen Parameter (zur Abschätzung aus der Stichprobe mit dem Merkmalsumfang L) sind gebräuchlich:

- Arithmetisches Mittel $\quad \bar{x} = \dfrac{1}{L} \cdot \sum_{j=1}^{L} x_j$

- Streuung $\quad S^2 = \dfrac{1}{L-1} \cdot \sum_{j=1}^{L} (x_j - \bar{x})^2 \qquad \}\ (8)$

oder: $\quad S^2 = \dfrac{1}{L-1} [\sum x_j^2 - \dfrac{1}{L} (\sum x_j)^2]$

- Schiefe $\quad c_S = \dfrac{L \cdot \sum_{j=1}^{L} (x_j - \bar{x})^3}{(L-1)(L-2) S^3}$

oder: $\quad c_S = \dfrac{L^2 \cdot \sum x_j^3 - 3L \cdot \sum x_j \cdot \sum x_j^2 + 2(\sum x_j)^3}{L \cdot (L-1) \cdot (L-2) \cdot S^3}$

Die drei Ausdrücke (8) sind erwartungstreue Schätzungen für die unbekannten Paramter (7) der Grundgesamtheit.

4.2 VERTEILUNGSFUNKTIONEN ZUR ANPASSUNG JÄHRLICHER DATENSERIEN

Jährliche Datenserien von Starkregenhöhen bzw. -intensitäten oder -spenden weisen den typischen glockenförmigen Verlauf mit nach links verschobenem Gipfel auf (siehe Bild 3, Abschnitt 3.4).

Theoretisch kommen zur Stichprobenanpassung deshalb eine Vielzahl der in der Hydrologie bekannten Verteilungsfunktionen in Frage, welche hier nicht alle genannt und beschrieben werden können. Die Empfehlung beschränkt sich lediglich auf:

1. Extremal-I-Verteilung (Gumbel)
2. Pearson-3 bzw. Log-Pearson-3-Verteilung
3. Log-Normalverteilung.

4.2.1 Extremal-I-Verteilung

Die Datenauswahl der jährlichen Serie ist eine Stichprobe von Extremwerten. Die Voraussetzungen der Extremwertstatistik sind deshalb relativ gut erfüllt.

Der Verfasser empfiehlt zur Anpassung jährlicher Serien von Starkregen in erster Linie die Extremwertverteilung nach Gumbel (Extremal-I-Verteilung).

Diese doppelt exponentielle Verteilung hat bei festem Schiefekoeffizienten $C_S = 1.14$ zwei freie Parameter, u und w, die aus der Stichprobe leicht abgeschätzt werden können.

Trotz der unbestritten größeren Flexibilität einer dreiparametrigen Verteilungsfunktion bezogen auf die einzelne Stichprobe hat die nur zweiparametrige speziell auf Extremwerte zugeschnittene Extremal-I-Verteilung für die Starkregenanalyse Vorteile.

Die Anpassung der Stichproben von Starkregen einzelner Dauerstufen bildet ja nur die 1. Verfahrensstufe der Gesamtanalyse. Wie bereits erwähnt, ist in der 2. Verfahrensstufe noch ein mathematischer Ausgleich der Parameter über die Dauerstufen durchzuführen, woraus sich empfiehlt, die Anzahl der freien Parameter gering zu halten.

Wahrscheinlichkeitsdichte: $\quad p(x) = -\frac{1}{w} \cdot \exp(-\frac{1}{w} \cdot (x-u) - e^{-(x-u)/w})$

Verteilungsfunktion: $\quad P(x) = \exp(-e^{-(x-u)/w})$ \hfill (9)

Es bedeuten:

    x   Merkmalswert

    u   charakteristisch größter Wert der Extremwertserie (identisch mit dem auf die vollständige Serie bezogenen Merkmalswert, der im Durchschnitt alle Jahre einmal erreicht oder überschritten wird ($u = x_{n=1}$)

    w   Maß für die Konzentration der Extremwerte um den charakteristisch größten Wert u

Die Transformation mit der reduzierten Variablen

$$z = \frac{1}{w} \cdot (x-u) \qquad (10)$$

führt auf die paramterfreie Verteilungsfunktion

$$P(z) = e^{-e^{-z}} \qquad (11)$$

Die reduzierte Variable z kann nach Umformung aus Gleichung (11) als Funktion der Unterschreitungswahrscheinlichkeit geschrieben werden:

$$z = -\ln\left(\ln \frac{1}{P}\right). \qquad (12)$$

Bestimmung der Parameter u und w:

Ist die jährliche Serie mit den Merkmalswerten x_j bei L = M Elementen in aufsteigender Reihenfolge geordnet, so gilt:

$$x_1 \leq x_2 \leq x_3 \leq \ldots \leq x_j \leq \ldots \leq x_L.$$

Die Unterschreitungswahrscheinlichkeit des Wertes x_j ist gleich

$$P_j = 1 - n_j.$$

Darin ist n_j die in (6) definierte jährliche Überschreitungshäufigkeit.

Eine gebräuchliche erwartungstreue Schätzung für die Unterschreitungswahrscheinlichkeit P_j des j-ten Elementes der jährlichen Serie ist

$$P_j = \frac{j}{L+1} \quad \text{(plotting position)} \qquad (13a)$$

Neuere Untersuchungen, Cunnane [3], Fuchs [6], weisen auf die Verzerrung dieser Formel im Extrapolationsbereich hin. Als besten Kompromiß für eine allgemeingültige Formel zur Bestimmung der plotting position bei Extremwerten gibt Fuchs [6] die Gleichung

$$P_j = \frac{j-0,4}{L+0,2} \qquad (13b)$$

Mit (12) und (13) kann zu jedem Stichprobenelement x_j ein Schätzwert der reduzierten Variablen

$$z_j = -\ln\left(\ln\frac{L+1}{j}\right) \qquad (14a)$$

bzw.

$$z_j = -\ln\left(\ln\frac{L+0,2}{j-0,4}\right) \qquad (14b)$$

angegeben werden.

Der mathematische Ausgleich der aus (10) umgeformten Geradenbeziehung

$$x = w \cdot z + u$$

nach der "Kleinst-Quadrate-Methode" liefert die beiden gesuchten Parameter w und u.

Achtung!
Nach Einsetzen von w und u in die theoretische Verteilungsfunktion (9) gelten die daraus abgeleiteten Häufigkeitsaussagen P, n oder T nur für die Jahresextremwerte. Bezogen auf die korrespondierenden partiellen und vollständigen Serien sind die jährlichen Häufigkeiten nach (5) umzurechnen.

Die Bestimmung der Parameter w und u aus den Momentenschätzungen (8) für das arithmetische Mittel $\bar{x}$ und die Standardabweichung S ist möglich und ebenfalls zu empfehlen.

Nach Gumbel gilt

$$w = \frac{S}{S_z(L)} = \quad \text{und} \quad u = \bar{x} - w \cdot \bar{z}(L) \qquad (15)$$

Darin bedeuten:

$$\bar{z}(L) = \frac{1}{L}\sum_{j=1}^{L} z_j \quad \text{und} \quad S_z(L) = \frac{1}{L}\sum_{j=1}^{L}(z_j - \bar{z})^2 \qquad (16)$$

mit z_j aus (14).

Die Parameter $\bar{z}(L)$ und $S_z(L)$ (Mittelwert und Standardabweichung der reduzierten Variablen z (Gl. (14)) sind im Anhang, Tafel 1 in Abhängigkeit vom Stichprobenumfang tabellarisch aufgeführt.

Auch bei Verwendung der Momentensschätzung sollten die Stichprobenwerte zur augenscheinlichen Beurteilung der Anpassung an die theoretische Grundgesamtheit grafisch aufgetragen werden.

Zweckmäßig wählt man eine Darstellung, in welcher die Verteilungsfunktion zur Geraden transformiert ist. Das ist bei Verwendung der Gl. (10) gewährleistet.

$$x = w \cdot z + u$$

Der Merkmalswert x_j wird in Abhängigkeit der reduzierten Variablen z_j aufgetragen.

Zur Abschätzung der Unterschreitungswahrscheinlichkeit des einzelnen Merkmalswertes als "plotting position" sind wiederum Gln. (13) bzw. (14) heranzuziehen.

Sind die Parameter der statistischen Grundgesamtheit ermittelt, so kann nach (10) für jede vorgegebene Unterschreitungswahrscheinlichkeit P der zugehörige Erwartungswert E(x) des Merkmals ermittelt werden.

$$E(x) = u + w \cdot z(P)$$

bzw. mit (12)

$$E(x) = u - w \cdot \ln(\ln(1/P)) \qquad (17)$$

oder

$$E(x) = u - w \cdot \ln \left(\ln \frac{1}{1-n} \right)$$

Die Berechnungsformel weicht hier von der allgemeinen Form (2) ab, weil aus praktischen Gründen mit den Parametern u und w statt $\overline{x}$ und S gearbeitet wird.

Setzt man (15) für u und w ein, so geht (17) in die allgemeine Form (2) mit den bekannten statistischen Parametern Mittelwert und Standardabweichung über.

Der berechnete Erwartungswert ist mit statistischer Unsicherheit behaftet, für die eine obere und untere Schranke angegeben werden kann.

Auf diesen Vertrauensbereich des Merkmalswertes wird in 4.4 eingegangen.

4.2.2 Pearson-3 bzw. Log-Pearson-3-Verteilung

4.2.2.1 Pearson-3-Verteilung

Es handelt sich um eine sehr anpassungsfähige 3-parametrige Verteilungsfunktion, mit der Stichproben jährlicher Extremwerte von Starkregenhöhen bzw. Starkregenintensitäten gut anzupassen sind. Die Verteilungsfunktion ist einseitig begrenzt.

Wahrscheinlichkeitsdichte und Verteilungsfunktion:

$$p(z) = \frac{w}{\Gamma(q+1)} \cdot e^{-z} \cdot z^q$$

$$P(z) = \frac{1}{\Gamma(q+1)} \cdot \int_0^z e^{-t} \cdot t^q \, dt \qquad (z \geq 0) \qquad (18)$$

mit $w = \frac{2 \cdot \bar{x}}{S C_s}$ und $q = \frac{4}{C_s^2} - 1$

Γ steht für die vollständige Gammafunktion
z ist eine reduzierte Variable. Sie steht mit dem Stichprobenmerkmal x in folgendem Zusammenhang:

$$x = \bar{x} + S \cdot \left(\frac{z \cdot C_s}{2} - \frac{2}{C_s} \right) \qquad (19)$$

Aus der Bedingung $z > 0$ folgt die Begrenzung des Merkmalswertes

$$x \geq d = \bar{x} - \frac{2S}{C_s} \qquad (20)$$

Die linksgipflige Dichtefunktion hat einen Schiefekoeffizienten $C_S > 0$. Für $C_S = 0$ geht die Pearson-3-Verteilung in die bekannte Normalverteilung über, für $C_S = 2$ in die Exponentialfunktion.

Für Stichproben der Starkregenanalyse sollte auch der linke Grenzwert positiv sein ($d \geq 0$).

Der vom Schiefekoeffizienten C_S und von der Eintrittswahrscheinlichkeit abhängige Häufigkeitsfaktor

$$K(P,C_S) = \frac{z C_S}{2} - \frac{2}{C_S} \qquad (21)$$

ist in den Handbüchern z.B. Dyck [5] oder DVWK [10] tabelliert, da sich die Verteilungsfunktion (18) wegen der vollständigen und der unvollständigen Gammafunktion nicht explizit nach z auflösen läßt.

Für einige Schiefeparameter ist im Anhang, Tafel 2 ebenfalls eine Arbeitstabelle des Häufigkeitsfaktors $K(P,C_S)$ als Hilfsmittel für den praktischen Gebrauch beigefügt.

Zur Schätzung der drei Parameter $\bar{x}$, S und C_S aus der Stichprobe kann die Momentenschätzmethode (Gleichungen (8)) empfohlen werden.

Möglich ist aber auch hier die Anwendung der Methode der "kleinsten Quadrate" zur Bestimmunng der Parameter $\bar{x}$ und S, wenn zunächst der Schiefekoeffizient C_S nach (8) berechnet wird und für jeden Merkmalswert x_j der Stichprobe nach der "Plotting-Formel" (13) (siehe 4.2.1) ein Schätzwert P_j bestimmt wird. Damit kann für jeden Merkmalswert x_j der zugehörige Häufigkeitsfaktor $K(P,C_S)$ angegeben werden.

Nach diesem Verfahren erfolgt auch die grafische Auftragung der Stichprobe zur augenscheinlichen Beurteilung der Anpassung an die ermittelte Grundgesamtheit. (Die Verteilungsfunktion ist damit zur Geraden transformiert!).

Der Erwartungswert des Merkmals bei vorgegebener jährlicher Überschreitungshäufigkeit n ist mit $P = 1-n$

$$E(x) = \bar{x} + S \cdot K(P, C_s).$$

4.2.2.2 Log- Pearson-3- Verteilung

Die mit den wichtigsten Formeln (18) - (21) beschriebene Pearson-3- Verteilung läßt sich auch auf die Stichprobe mit logarithmisch transformierten Merkmalswerten

$$Y_j = \log x_j$$

anwenden. (Die Basis der Logarithmen ist beliebig.)

Die statistischen Parameter werden dann mit den transformierten Merkmalswerten nach den Gleichungen (8) und (9) ermittelt ($\bar{Y} \triangleq \bar{x}$; $S_y \triangleq S$; $C_{sY} \triangleq C_s$; $d_y \triangleq d$).

Wird der Schiefekoeffizient $C_{sY} < 0$, so sollte die Log-Pearson-3- Verteilung nicht verwendet werden. Im allgemeinen ergibt aber die Log-Pearson-3- Verteilung eine gute Annäherung an Stichproben der statistischen Starkregenanalyse.

Der Erwartungswert analog Gl. (19) mit aus den logarithmisch transformierten Merkmalswerten berechneten Stichprobenparametern $\bar{Y}$, S_Y und C_{sY} ist zunächst auch logarithmisch transformiert. Für das gesuchte Merkmal ist die Transformation wieder rückgängig zu machen.

z.B.:

$x = e^Y$ bei Transformation mit natürlichem Logarithmus,

$x = 10^Y$ bei Transformation mit dekadischem Logarithmus.

4.2.3 Log-Normalverteilung

Das Fechner'sche Gesetz besagt, daß hydrologische Größen, die das Produkt vieler zufällig wirkender verursachender Faktoren darstellen, logarithmisch normal verteilt sind. Diese Hypothese trifft für jährliche Serien von Niederschlagshöhen innerhalb größerer Dauerstufen bedingt zu.

z.B. - jährliche Serie mehrtägiger Starkregenhöhen
 - Serie der Niederschlagshöhen des Monats j {1...12}
 - Serie jährlicher Niederschlagshöhen (bzw. Niederschlagsshöhen von Teiljahren).

Der nach (8) ermittelte Schiefekoeffizient C_{sy} der logarithmisch transformierten Merkmalswerte $Y_j = \log x_j$ muß ungefähr Null sein (Basis des Logarithmus beliebig!).

Die praktische Anwendung der Log-Normalverteilung ist am einfachsten und anschaulichsten, wenn man mit den logarithmisch transformierten Merkmalswerten rechnet und darauf die Gesetze der bekannten Normalverteilung anwendet.

$$p(x) = \frac{1}{\sigma\sqrt{2\pi}} e^{-0,5 \cdot (\frac{x-\mu}{\sigma})^2}$$

$$P(x) = \frac{1}{\sigma\sqrt{2\pi}} \cdot \int_{-\infty}^{x} e^{-0,5 \cdot (\frac{t-\mu}{\sigma})^2} dt \qquad (22)$$

Mit der reduzierten Variablen

$$K = \frac{x-\mu}{\sigma}$$

wird die Verteilungsfunktion parameterfrei und kann tabelliert werden

$$P(K) = \frac{1}{\sqrt{2\pi}} \cdot \int_{-\infty}^{K} e^{-\frac{v^2}{2}} dv \qquad (23)$$

Entsprechende Tabellen findet man in fast allen statistischen Handbüchern. Für ausgewählte Stützstellen ist der Häufigkeitsfaktor K(P) in der Arbeitstabelle -Anhang, Tafel 3 dargestellt.

Die Parameterschätzung (gemeint sind hier die statistischen Parameter der logarithmisch transformierten Merkmalswerte $\bar{Y}$, S_Y und C_{sY}) erfolgt wiederum mit Hilfe der Gleichungen (8). Der Schiefekoeffizient C_{sY} muß ohnehin zur Kontrolle der Gültigkeit des Fechner'schen Gesetzes über die Momentenschätzmethode ermittelt werden.

$\bar{Y}$ und S_Y können aber auch mit Hilfe der Methode der "kleinsten Quadrate" bestimmt werden. Hier wird wieder die "Plotting-Formel" (13) verwendet, um für jedes Element j der Stichprobe einen Schätzwert P_j der Unterschreitungswahrscheinlichkeit zu erhalten.

Nach (23) gehört zu jedem Wert P_j ein entsprechender Häufigkeitsfaktor $K(P_j)$, welcher der Arbeitstabelle, Tafel 3 im Anhang entnommen werden kann oder über die im Abschnitt 4.4 angegebene Approximation zu berechnen ist.

Zur grafischen Auftragung der Stichprobe wird ebenfalls zweckmäßig der Häufigkeitsfaktor $K(P_j)$ verwendet.

Die logarithmissch transformierten Stichprobenwerte ordnen sich damit entlang der Geraden

$$E(Y) = \bar{Y} + S_Y \cdot K(P)$$

an. Diese Gerade entspricht der Verteilungsfunktion der Grundgesamtheit. Um die tatsächlichen Merkmalswerte zu erhalten, ist die Transformation wieder rückgängig zu machen.

4.3 VERTEILUNGSFUNKTION ZUR ANPASSSUNG PARTIELLER DATENSERIEN

Wie bereits unter 3.3 erläutert (Bild 2), stellt die Wahrscheinlichkeitsdichte- Funktion der partiellen Datenserie nur einen Teilabschnitt der entsprechenden (und korrespondierenden) vollständigen Datenserie dar.

Deshalb ist für die Dichtefunktion der partiellen Serie nicht der bekannte "glockenförmge" Verlauf vorauszusetzen.

Die Dichtefunktion hat beim gewählten Schwellenwert x_S, welcher gleichzeitig die linke Begrenzung des Merkmalsbereiches darstellt, ein Maximum und nimmt dann mit exponentiellem Kurvenverlauf bei wachsendem Merkmal x monoton ab (siehe Abschnitt 4.1 - Bild 5b).

Der Stichprobenumfang der partiellen Starkregenserie sollte nicht größer als $L \approx 2M$ bis $3M$ gewählt werden.

Zu empfehlen sind vor allem zwei Typen von Verteilungsfunktionen, welche partielle Datenserien von Starkregenhöhen erfahrungsgemäß gut anpassen.

a) die mit der doppelt exponentiellen Extremal-I-Verteilung (4.2.1) korrespondierende 2-parametrige Exponentialverteilung sowie
b) die mit drei freien Parametern behaftete Pearson-3- Verteilung (4.2.2).

Es sei jedoch darauf hingewiesen, daß auch andere hier nicht näher behandelte Funktionen, insbesondere, wenn Bedingung Gl.(4) zur korrespondierenden jährlichen Extremwertserie erfüllt ist, ebenfalls gute Anpassung der vorliegenden partiellen Datenserien erreichen.

4.3.1 Exponential-Verteilung

Diese 2-parametrige Verteilungsfunktion erhält man durch Einsetzen von Gl.(9) (Extremal-I-Verteilung nach Gumbel) in die Beziehung (4) zur Korrespondenz der Eintrittswahrscheinlichkeiten.

Wahrscheinlichkeitsdichte: $p(x) = \frac{1}{w} \cdot \frac{M}{L} e^{-(x-u)/w}$

Verteilungsfunktion: $P(x) = 1 - \frac{M}{L} \cdot e^{-(x-u)/w}$ (24)

Merkmalsbereich: $u + w \cdot \ln \frac{M}{L} < x < \infty$

Die Parameter w und u haben die unter 4.2.1 angegebene Bedeutung und erreichen bei korrespondierenden Datenserien auch ungefähr den gleichen Wert.

M/L ist das Verhältnis von Beobachtungsjahren zur Anzahl der Stichprobenelemente.

Zu den aus den Momenten abgeleiteten statistischen Parametern gelten die Beziehungen:

$$\mu \; (\hat{=}\bar{x}) = u - w \cdot (\ln \frac{M}{L} - 1)$$

$$\sigma \; (\hat{=}S) = w$$

(25)

Es wird die konstante Schleife $C_S = 2$ vorausgesetzt.

Das arithmetische Mittel μ (bzw. $\bar{x}$) ist abhängig vom Verhältnis M/L und damit auch direkt von der Wahl des Schwellenwertes x_S.
Für einen Stichprobenumfang $L = M \cdot e$ wird $\mu = u$.

Die Verteilungsfunktion (24) läßt sich umformen:

$$x = u + w \cdot (\ln \frac{M}{L} - \ln(1-P))$$

oder mit $n = \frac{L}{M}(1-P)$

$$x = u - w \cdot \ln n \qquad (26)$$

Damit ist eine lineare Arbeitsgleichung gegeben, für welche die Koeffizienten u und w nach der Methode der "kleinsten Quadrate" bestimmt werden können.

Man ordnet die L Stichprobenelemente x_r aus den M Beobachtungsjahren in absteigender Folge:

$$x_1 \geq x_2 \geq x_3 \geq ... \geq x_r \geq ... \geq x_L \; (\geq x_S) \; .$$

Darin ist $r = L+1-j$ der jeweilige Rang des einzelnen Ereignisses, wenn j den Ordnungsindex für eine aufsteigende Folge darstellt.

Nach (6) ist die Unterschreitungswahrscheinlichkeit des Wertes x :

$$P_r = 1 - \frac{M}{L} n_r$$

Man schätzt (mit Plotting-Position nach 13a):

$$P_r = \frac{L+1-r}{L+1} \quad \text{bzw.} \quad n_r = \frac{L \cdot r}{M \cdot (L+1)} \qquad (27a)$$

oder mit Plotting-Position nach 13b:

$$P_r = \frac{L+0,6-r}{L+0,2} \quad \text{bzw.} \quad n_r = \frac{L \cdot (r-0,4)}{M \cdot (L+0,2)} \qquad (27b)$$

Dann liefert der lineare Ausgleich der L Wertepaare (x_r, n_r) bzw. (x_r, P_r) bestmöglich die gesuchten Parameter u und w der Verteilungsfunktion Gl.(24) bzw. Gl(26).

Diese sind andererseits auch aus den Momentenschätzungen $\bar{x}$ und S der Stichprobe über die Beziehungen (25) zu erhalten. Die grafische Auftragung der einzelnen Merkmalswerte x_r mit den entsprechenden Plotting-Positionen (27) sollte aber auf jeden Fall durchgeführt werden.

Bei bereits bekannten Stichprobenparametern u bzw. w dient (26) auch zur Berechnung des Erwartungswertes E(x) für jede vorgegebene Eintrittswahrscheinlichkeit P bzw. n.

Werden u und w durch $\bar{x}$ und S ausgedrückt (Gl. 25), so geht (26) in die allgemeine Grundform (2) über.

4.3.2 Pearson-3-Verteilung

Für Schiefekoeffizienten $C_s \geq 2$ weist die Dichtefunktion Gl.

(18) der Pearson-3-Verteilung ebenfalls einen monoton fallenden Verlauf auf. Sie ist damit zur Anpassung partieller Datenserien gut geeignet.

Für den Schiefekoeffizienten $C_S = 2$ ist die Pearson-3-Verteilung identisch mit der unter 4.3.1 besprochenen 2-parametrigen Exponentialverteilung (24).

Durch die variable Schiefe $C_S \geq 2$ ist sie somit anpassungsfähiger, dafür aber mathematisch schwieriger zu handhaben. Es gelten dazu die Erläuterungen im Abschnitt 4.2.2.1.

Ergibt sich durch Momentenschätzung $C_S < 2$, so sollte $C_S = 2$ gesetzt werden, damit auch wirklich eine monoton fallende Wahrscheinlichkeitsdichte angenommen wird.

4.4 STATISTISCHER VERTRAUENSBEREICH DER MERKMALSSCHÄTZUNG

Die statistischen Parameter $\bar{x}$, S und C_S müssen in der Regel aus "kleinen" Stichproben abgeschätzt werden. Sie stellen damit nur Näherungswerte der "wirklichen" Parameter einer entsprechenden nicht bekannten Grundgesamtheit dar.

Alle mit den geschätzten Parametern berechneten Merkmalsgrößen vorgegebener Eintrittswahrscheinlichkeit sind dadurch fehlerbehaftet.

Der zu erwartende Fehler ist im Merkmalsbereich des Mittelwertes am kleinsten. Er wird umso größer, je seltener das zu berechnende Ereignis ist.

Hier wird für die statistische Starkregenanalyse das Verfahren der WMO [15] zur Bestimmung des Vertrauensbereiches vorgeschlagen (siehe auch Sevruk/Geiger [16]).

Es wird davon ausgegangen, daß der Vertrauensbereich des einzelnen Merkmalswertes x (mögliche Abweichung vom Erwartungswert E(x)) normalverteilt zu seinem Erwartungswert E(x) ist. Der Vertrauensbereich wird mit einer bestimmten zuzulassenden Irrtumswahrscheinlichkeit behaftet. Man hat dann eine Aussagesicherheit $\gamma = 1 - \alpha$, daß der "wahre" Wert x innerhalb der angegebenen Grenzen $E(x) \pm \Delta x$ liegt.

Die vorausgesetzte Eintrittswahrscheinlichkeit P (bzw. jährliche Überschreitungshäufigkeit n) wird durch den Häufigkeitsfaktor K(P) (bzw. K(n)) ausgedrückt.

Es gilt dann:

$$x = t(\alpha) \cdot S_E$$

$$S_E = \beta(P) \cdot S / \sqrt{L} \qquad (28)$$

$$\beta(P) = \sqrt{1 + 1,14 \cdot K(P) + 1,1 \cdot K^2(P)}$$

    L   ist die Anzahl der Stichprobenelemente
    $t(\alpha)$ ist ein Wert der Studentverteilung bei zweiseitiger Abgrenzung zur Sicherheitswahrscheinlichkeit $\gamma = 1-\alpha$ (statistischen Handbüchern zu entnehmen bzw. Tafel 4 im Anhang)

Je größer der Stichprobenumfang L ist, desto geringer ergibt sich rechnerisch die Abweichung Δx vom Erwartungswert.

Es muß an dieser Stelle aber nochmals ausdrücklich davor gewarnt werden, durch Herabsetzen des Schwellenwertes x_S bei Verwendung partieller Serien von Starkregenhöhen den Stichprobenumfang zu vergrößern.

Ein Zuwachs an tatsächlicher Aussagesicherheit ist nur

durch längere Beobachtungszeiträume, also Vergrößerung von M erreichbar.

Für die hier (Abschnitt 4.2 und 4.3) besprochenen Verteilungsfunktionen zur Anpassung jährlicher und partieller Serien von Starkregenhöhen bzw. -intensitäten gelten folgende Beziehungen zur Ermittlung des Häufigkeitsfaktors $K(P)$ bzw. $K(n)$:

a) Extremal-I-Verteilung

$$K(P) = - \frac{1}{S_z(L)} \cdot \left[\ln(\ln(\frac{1}{P})) + \bar{z}(L) \right]$$

$$K(n) = - \frac{1}{S_z(L)} \cdot \left[\ln(\ln(\frac{1}{1-n})) + \bar{z}(L) \right]$$

mit $\bar{z}(L)$ und $S_z(L)$ aus (16)

Tafel 1 im Anhang enthält die Auswertung des Häufigkeitsfaktors in Abhängigkeit vom Stichprobenumfang L.

b) Pearson-Verteilung

$$K(P, C_S) = \frac{z \cdot C_S}{2} - \frac{2}{C_S}$$

mit z durch geeignete Approximation aus (18) oder aus Tabellen, z.B. Anhang Tafel 2.

c) Normalverteilung

Hier anzuwenden auf logarithmisch transformierte Merkmalswerte (siehe Erläuterungen zum Abschnitt 4.2.3)

$K(P)$ aus Tabellen, z.B. Anhang Tafel 3

oder durch die folgende geeignete Approximation:

$$K' = \sqrt{t} - \frac{2,515517 + 0,802853 \cdot \sqrt{t} + 0,010328 \cdot t}{1 + 1,432788 \cdot \sqrt{t} + 0,189269 \cdot t + 0,001308 \cdot t \cdot \sqrt{t}}$$

$K(P) = -K'$ für $P \leq 0,5$; $\quad K(P) = +K'$ für $P \geq 0,5$
mit $t = \ln(1/d^2)$ und $d = \text{Minimum}\{P, 1-P\}$

d) Exponentialverteilung

$$K(P) = \ln(\frac{1}{1-P}) - 1; \quad K(n) = \ln(\frac{L}{M \cdot n}) - 1$$

Die Exponentialverteilung wird hier ausschließlich zur Anpassung partieller Datenserien verwendet, deshalb ist in der Regel der Stichprobenumfang L≠M der Anzahl der Beobachtungsjahre und meist L > M.

5 ERMITTLUNG DER DAUER-HÄUFIGKEITSBEZIEHUNGEN VON STARKREGENHÖHEN

5.1 GEEIGNETE FUNKTIONALE ZUSAMMENHÄNGE FÜR DEN REGRESSIVEN AUSGLEICH DER STATISTISCHEN PARAMETER ÜBER DIE DAUERSTUFEN

5.1.1 Allgemeine Hinweise

Die ermittelten statistischen Parameter u unnd w bzw. $\bar{x}$ und S beziehen sich jeweils auf eine Stichprobe von Starkregen-

höhen bzw. -intensitäten mit der Bezugsgröße "Dauertstufe".
Sie gelten somit für diese eine Dauerstufe D.

Von wasserwirtschaftlichem Interesse sind Analysen für unterschiedliche Dauerstufen.

In der Siedlungswasserwirtschaft interessiert der Bereich von etwa D = 5 Minuten bis D = 2 - 3 Stunden. Zur hydrologischen Beurteilung offener Wasserläufe ist in der Regel der mehrstündige Dauerstufenbereich interessant. Für allgemeinere wasserwirtschaftliche Fragestellungen kann sogar der Bereich mehrtägiger Dauerstufen wichtig sein.

Wie in der Beschreibung der Konzeption der statistischen Starkregenanalyse (Abschnitt 2) ausgeführt, besteht zwischen den Merkmalswerten für unterschiedliche Dauerstufen ein regressiver Zusammenhang, wie er auch in der "Zeitbeiwertfunktion" nach Reinhold [1] bereits deutlich wird.

Um allgemein Regenhöhen (bzw. Intensitäten oder Regenspenden) in Abhängigkeit der Eintrittswahrscheinlichkeit (P bzw. n) und der Dauer (D = t · "Einheitsdauer") ausdrücken zu können, muß dieser regressive Zusammenhang numerisch bestmöglich an die Beobachtungsdaten angepaßt werden.

Eine solche Ausgleichsprozedur liefert zwei Vorteile.

1.) Die in der statistischen Analyse ermittelten Parameter zur numerischen Festlegung der Verteilungsfunktion sind selbst mit einem Zufallsfehler (Abschnitt 4.4) behaftet, der in gewissen Grenzen über die Informationen der verschiedenen Dauerstufen ausgeglichen werden kann.

2.) Man gewinnt die Möglichkeit, nicht explizit statistisch analysierte Dauerstufen D zu interpolieren und zu extrapolieren.

Ein Ausgleich der Merkmalswerte über die Dauerstufen ist grundsätzlich für jede gewünschte Eintrittswahrscheinlichkeit möglich und sinnvoll. Der mathematische Zusammenhang $x = f(t, P=const)$ ist in der Wasserwirtschaft unter dem Begriff "Regenreihe" bekannt.

Um die angestrebte allgemeine Aussage $x = f(t,P)$ zu gewinnen, ist in Abschnitt 2 ein praktikabler Weg angedeutet.

Der Ausgleich wird für die zu den einzelnen Dauerstufen ermittelten statistischen Parameter der Verteilungsfunktionen durchgeführt. Die mathematische Abhängigkeit von der Eintrittswahrscheinlichkeit ist dann über die zugrunde gelegte statistische Verteilungsfunktion gegeben.

Zur Auswahl der geeigneten Regressionsbeziehung soll allgemein angemerkt werden:

1.) Ein brauchbares Maß zur Beurteilung der Güte der mathematischen Anpassung ist die verbleibende Restabweichung (mittlere Abweichung des Einzelwertes)

$$S_m = \sqrt{\frac{1}{L-1} \cdot \sum (x_j - E(x_j))^2} \qquad (29)$$

2.) Die ermittelte mathematische Anpassungsfunktion bezieht sich auf den jeweils zugrunde gelegten Dauerstufenbereich. Die Vertrauenswürdigkeit der Extrapolation aus diesem Bereich heraus ist nur begrenzt.

3.) Um die Restabweichung (und damit den Aussagefehler) in vertretbaren Grenzen gering zu halten, empfiehlt sich der Ansatz unterschiedlicher Dauerstufenbereiche entsprechend der wasserwirtschaftlichen Fragestellung.

Zum Beispiel:

(5 Min) 10 Min < D < 3 h (6 h)   kurze Starkregen
(0.5 h) 1 h   < D <24 h (48 h)   mehrstündige Starkregen
(8 h) 1 d   < D < 30 d (60 d)   mehrtägige Starkregen

Klammerwerte sind Grenzen für eine vertretbare Extrapolation.

Anmerkung:

Daß ein regressiver Parameterausgleich über einen weitgespannten Dauerstufenbereich nicht optimal sein kann, ist physikalisch auch durch die unterschiedlichen Entstehungsmechanismen des Niederschlagsprozesses begründet. Starkregen der kurzen Dauerstufen entstammen überwiegend einem Datenkollektiv von Schauerereignissen konvektiven Ursprunges. Starkregen der großen Dauerstufen dagegen sind mehrheitlich orographisch bedingt oder bilden Mischkollektive.

Für einen akzeptablen regressiven Ausgleich sind unterschiedliche mathematische Ansätze möglich (wie ja auch bei der Auswahl der statistischen Verteilungsfunktion für die Datenstichprobe der einzelnen Dauerstufe). Der Ansatz ist eventuell abhängig vom untersuchten statistischen Parameter selbst, vom zugrunde gelegten Dauerstufenbereich und besonders von der gewünschten Spannweite des Dauerstufenbereiches.

Im folgenden werden mathematische Ansätze mit zwei und drei freien Koeffizienten unterschieden.

Die Variable x steht darin zunächst allgemein für den Merkmalswert der Dimension einer Regenhöhe oder einer Regenstärke bzw. Regenspende. Die Variable t steht für die Zeit.

Sie ist ein Vielfaches der gewählten Einheitsdauer von z.B.
1 Minute, 1 Stunde oder 1 Tag usw.

Die Anpassung bei zwei freien Koeffizienten ist dabei im
allgemeinen numerisch weniger aufwendig, weil durch geeignete Transformation der Variablen eine Linearisierung möglich ist. Mit drei-parametrigen Ansätzen kann in der Regel eine größere Dauerstufen-Spannweite ausgeglichen werden.

Hier wird nur eine Auswahl von Regressionsfunktionen besprochen, die sich bei der praktischen Datenanpassung bereits bewährt haben. Weitere Ansätze sind möglich.

5.1.2 Regressionsfunktionen mit zwei freien Koeffizienten

a) Ansatz nach Reinhold

$$x = a/(t+b) \tag{30}$$

x steht hier für die Regenstärke!
Für die Regenhöhe wäre
$h_N = a \cdot t/(t+b)$
anzusetzen.

Zur Linearisierung transformiert man

$Y = t \cdot x; \quad X = x; \quad A = a \quad$ und $\quad B = -b$

und erhält: $\quad Y = A + B \cdot X$

Die Koeffizienten A und B werden nach der Methode der "kleinsten Quadrate" (siehe Tafel 5) oder näherungsweise grafisch bestimmt. Der Ansatz ist für geringe Spannweiten des Dauerstufenbereiches verwendbar, insbesondere für den Bereich der kurzen Starkregen.

b) Einfacher Exponential-Ansatz

$$x = a + b \cdot \ln t \qquad (31)$$

bzw.: $t = e^{(x-a)/b}$

x steht hier für die Regenhöhe.
Für die Regenspende gilt:
$i = a/t + (b/t) \cdot \ln t$

Zur Linearisierung transformiert man:

$Y = x; \quad X = \ln t; \quad A = a; \quad B = b$ und erhält: $\quad Y = A + B \cdot X$

Die Koeffizienten A und B werden nach der Methode der kleinsten Quadrate (Typ I der Tafel 5) oder näherungsweise grafisch bestimmt.

Der Ansatz sollte möglichst nur für geringe Spannweiten des Dauerstufenbereiches verwendet werden.

Eine gute Anpassung wird häufig für den Parameter w bzw. für die Standardabweichung erzielt.

c) Einfacher Potenz-Ansatz

$$x = a \cdot t^b \qquad (32)$$

x kann hier für die Regenhöhe oder Regenstärke stehen.
Ist x z.B. eine Regenhöhe, so gilt für die Regenstärke

$$i = a \cdot t^d \quad \text{mit } d = b-1$$

Zur Linearisierung transformiert man:

$Y = \ln x$; $X = \ln t$; $A = \ln a$; $B = b$ und erhält $Y = A + B \cdot X$
Die Regressionskoeffizienten A und B werden nach der Methode der "kleinsten Quadrate" (Typ I der Tafel 5) oder näherungsweise grafisch bestimmt.

Dieser Potenzansatz erweist sich als flexibel. Insbesondere ist er innerhalb einer Dauerstufenspannweite ($0.25 \text{ h} \leq D \leq 24 \text{ h}$) zur Anpassung geeignet.

5.1.3 Regressionsfunktionen mit drei Koeffizienten

a) Exponential-Ansatz des Deutschen Wetterdienstes nach Johannsen

$$x = a \cdot \ln(b \cdot t + 1) + c \cdot t \tag{33}$$

$$\text{bzw.:} \quad t = (1/b) \cdot e^{(x-ct)/a} - 1/b$$

x steht hier für die Regenhöhe.
Der Koeffizient c wird als örtliche Randbedingung vorgegeben, so daß der mathematische Ausgleich mit den zwei freien Regressionskoeffizienten a und b zu führen ist

Im allgemeinen wird dieser Ansatz verwendet, um beobachtete Regenhöhen gleich-geschätzter jährlicher Überschreitungshäufigkeiten n in Abhängigkeit der Dauer auszugleichen (Johannsen/Kumm [8]).

Für diesen Fall wird $c = c' \cdot (a/a_{n=1})$ mit

c' = mittlere jährl. Niederschlagshöhe / Dauer des Jahres (Minuten) vorgegeben.

Ein mathematisch relativ aufwendiges Verfahren zur Bestimmung der Koeffizienten ist in Johannsen/Kumm [8] veröffentlicht.

Der Ansatz nach Johannsen ist auch geeignet, die statistischen Parameter der Verteilungsfunktionen der Regenhöhen für einzelne Dauerstufen über die Dauer auszugleichen.

Dazu wird vorgeschlagen:

Der Koeffizient c ist wie bei Johannsen ebenfalls als örtliche Randbedingung vorzugeben, erhält aber eine etwas modifizierte Bedeutung.

Ist z.B. der statistische Parameter u über die Dauerstufen auszugleichen, so ist für c der Parameter u der Serie jährlicher Niederschlagshöhen (gemeint sind hier jährliche Niederschlagssummen) dividiert durch die Dauer des Jahres in der Dimension der gewählten Zeiteinheit (Minute, Stunde usw.) einzusetzen. Entsprechend wird c beim Ausgleich der statistischen Parameter w, $\bar{x}$ oder S ebenfalls aus der Serie der jährlichen Niederschlagshöhen als fester Koeffizient definiert.

Die noch freien Regressionskoeffizienten a und b werden nach der Methode der "kleinsten Quadrate" optimal bestimmt. Eine Linearisierung ist dabei nicht möglich.

Gl. (33) wird jedoch durch die Transformation

$Y = x - c \cdot t; \quad X = t$ umgeformt zu

$Y = a \cdot \ln(b \cdot X + 1)$

wofür der Ausgleichsalgorithmus in Tafel 5, Typ III angegeben ist.

b) Erweiterter Potenz-Ansatz nach Reinhold

$$x = a \cdot (t+c)^b \tag{34}$$

x steht hier für die Regenstärke i.
Für die Niederschlagshöhe wäre entsprechend

$h_N = a \cdot t \cdot (t+c)^b$ anzusetzen.

Wenn c zunächst geschätzt wird, ist mit der Transformation $Y = \ln x$; $X = \ln(t+c)$; $A = \ln a$ und $B = b$ die Linearisierung: $Y = A + B \cdot X$ entsprechend Potenz-Ansatz (32) gegeben. Das Ausgleichsverfahren ist für verschiedene c zu wiederholen.

Der optimale Koeffizientensatz wird erhalten, wenn die Restabweichung nach (29) ein Minimum wird. Häufig ist das für $c = 0$ der Fall ($\hat{=}$ Potenzansatz (32)).

Ein allgemeiner mathematischer Lösungsalgorithmus zur simultanen Bestimmung der 3 freien Regressionskoeffizienten a, b, c nach der Methode der "kleinsten Quadrate" ist mit Typ III in Tafel 5 angegeben.

Dieser Ansatz liefert im Dauerstufenbereich der kurzen bis mehrstündigen Starkregen ($D \leq 24$ h) Anpassungen mit besonders geringer Restabweichung nach Gl. (29). Er eignet sich deshalb auch gut für einen gemeinsamen Ausgleich von statistischen Parametern der kurzen Starkregen (Grundlage: Regenschreiberaufzeichnungen) bis zu den statistischen Parametern der 1- bis 2-täglichen Dauerstufe, die auf Tagesablesungen der Regenmesser gründen.

c) Erweiterter Potenz-Ansatz

$$x = a \cdot t^b + c \cdot t \qquad (35)$$

x steht hier für die Regenhöhe. Für die Regenstärke steht entsprechend

$$i = a \cdot t^d + c \quad \text{mit} \quad d = b-1$$

Dieser Ansatz liefert im allgemeinen auch noch bei weitgespanntem Dauerstufenbereich gute Anpassung. Er eignet sich besonders für den regressiven Parameterausgleich über den gemeinsamen mehrstündigen und mehrtägigen Bereich.

Bereits bei Vorgabe des Parameters c als örtliche Randbedingung (analog Exponential-Ansatz (3) des Deutschen Wetterdienstes ist die Anpassung für die praktischen Erfordernisse ausreichend gut.

Es wird vorgegeben:

c = entsprechender Parameter aus der Serie der jährlichen Niederschlagshöhen / Dauer des Jahres (als Anzahl der verwendeten Zeiteinheiten).

Mit der Transformation

$$Y = \ln(x - c \cdot t); \quad X = \ln t; \quad A = \ln a; \quad B = b$$

erhält man sofort die Linearisierung $Y = A + B \cdot X$ des Potenzansatzes (30) und damit die beiden noch freien Regressionskoeffizienten a und b.

Ein allgemeiner mathematischer Lösungsalgorithmus zur

gleichzeitigen optimalen Bestimmung der drei Regressionskoeffizienten a, b und c nach der Methode der "kleinsten Quadrate" ist unter der Bezeichnung IV in Tafel 5 beschrieben.

d) Erweiterung des einfachen Exponential-Ansatzes

$$x = a + b \cdot \ln t + c \cdot t \qquad (36)$$

x steht für die Regenhöhe.

Zur simultanen Bestimmung der drei unbekannten Koeffizienten a, b, c kann die Linearisierung:
$Y = x$; $X = \ln t$; $z = t$
durchgeführt werden. Zur Lösung erhält man damit den Algorithmus Typ V der Tafel 5.

5.2 MATHEMATISCHE BESCHREIBUNG DER STARKREGEN ALS FUNKTION VON DAUER UND HÄUFIGKEIT

Die in der Wasserwirtschaft bekannte Zeitbeiwertfunktion nach Reinhold [1] beschrieb erstmals mathematisch den Zusammenhang der Regenspende in Abhängigkeit von Dauer und Häufigkeit und legte damit den Grundstein zur Regionalisierung der Aussagen über die Häufigkeit von Starkregen für wasserwirtschaftliche Anwendungen.

Fast alle Koeffizienten zur Beschreibung dieses Zusammenhanges sind darin näherungsweise als "Festwerte" für eine beträchtlich große Region eingesetzt.

Als einzige örtliche Kenngröße geht die ausgewählte Regenspende $r_{15, n=1}$, welche in der 15-minütigen Dauerstufe im

Mittel alle Jahre einmal erreicht oder überschritten wird, ein.

Zur Berechnung eines beliebigen Wertes der Regenspende wird diese örtliche Kenngröße als Proportionalitätsfaktor eingesetzt.

$$r(t,n) = r(15,1) \cdot f(t,n)$$

Alle Koeffizienten der Funktion $f(t,n)$ sind Festwerte.

Die neueren Starkregenauswertungen zeigen, daß eine lediglich auf den freien Ortsparamter $r_{15,n=1}$ bezogene Regionalisierung heute nicht mehr vertretbar ist. Die dadurch bedingten Abweichungen für den einzelnen Ortspunkt können zu groß werden.

Damit ist allerdings noch nicht abschließend geklärt, wieviel freie Ortsparameter in der allgemeinen Funktion zur Regionalisierung tatsächlich berücksichtigt werden müssen. Da für die wasserwirtschaftliche Praxis eine möglichst allgemeine Formulierung anzustreben ist, ist ein Kompromiß hier sicher vertretbar.

Der Reinhold'sche Parameter $r_{15,n=1}$ ist eine sehr stabile örtliche Kenngröße in der Nähe des arithmetischen Mittels der Merkmalswerte. Ein entsprechender örtlicher Parameter ist auch heute unbedingt zu verwenden.

Die Abhängigkeit von der Häufigkeit ist im Zeitbeiwertverfahren nach Reinhold nur ungenügend flexibel beschrieben. Es ist jedoch physikalisch plausibel und durch vergleichende statistische Analysen bestätigt, daß gerade für diese Abhängigkeit auch örtliche Unterschiede berücksichtigt werden müssen.

Neben dem arithmetischen Mittel (oder einem Merkmalswert,

der alle Jahre einmal erreicht oder überschritten wird) ist damit die Standardabweichung der statistischen Verteilungsfunktion oder ein ähnlich aussagekräftiges Merkmal als weitere örtliche Kenngröße einzuführen.

Zusätzlich ist wünschenswert, auch den Zusammenhang zwischen den unterschiedlichen Dauerstufen durch freie Parameter örtlich flexibel zu halten. Unterschiede sind hier ebenfalls physikalisch plausibel.

Das in dieser Studie erläuterte und für die praktische Starkregenanalyse vorgeschlagene zweistufige Verfahren zur Parameter-Ermittlung beinhaltet vom Ansatz her die Berücksichtigung aller bezeichneten örtlichen Kenngrößen.

Zur allgemeinen mathematischen Beschreibung des Niederschlagsmerkmals als Funktion von der Dauer und der Eintrittswahrscheinlichkeit sind (- wie bereits im Abschnitt 2 konzipiert -) die Verteilungsfunktion (2) mit einem der Ansätze zum regressiven Parameter-Ausgleich ((30) - (36)) zu koppeln.

Damit wird die allgemeine Form (3)

$$x(P,t) = \bar{x}(t) + S(t) \cdot K(P)$$

erhalten.

Dabei können die statistischen Parameter $\bar{x}$ und S, wie z.B. bei der Extremal-I-Verteilung und der korrespondierenden Exponentialverteilung für die partielle Serie, durch die hier sinnvollen Parameter u und w ersetzt werden.

Es gilt dann speziell mit der jährlichen Überschreitungshäufigkeit n statt der Unterschreitungswahrscheinlichkeit P

$$x(t,n) = u(t) - w(t) \cdot \ln n \tag{37}$$

Wurde der regressive Ausgleich beispielsweise mit dem einfachen Potenz-Ansatz (32) gefunden und für die partielle Serie als Grundgesamtheit die Exponentialfunktion gewählt, so gilt speziell:

$$x(t,n) = u_1 \cdot t^b - w_1 \cdot t^c \cdot \ln n \qquad (38)$$

mit

x   Merkmalswert für die Niederschlagshöhe oder Regenstärke bzw. Regenspende
n   jährliche Überschreitungshäufigkeit
t   Zeitdauer als Vielfaches der gewählten Einheitsdauer von z.B. 1 h oder 1 Tag usw.
u_1 Ausgeglichener Merkmalswert der Einheitsdauer (t=1), der im Durchschnitt pro Jahr einmal erreicht oder überschritten wird
w_1 Ausgeglichener Streuungsparameter, gültig für die Einheitsdauer (t=1)
b,c   Parameter aus der Regression über die Dauerstufen

Die Geltungsbereiche für t und n sind zu beschränken!

Um einen vereinfachten allgemeinen Ansatz zu erhalten, ist die Vereinheitlichung der Regressionskoeffizienten b und c zu vertreten, da nur geringe Genauigkeitseinbußen entstehen.

Für andere Verteilungsfunktionen und andere Ansätze zum regressiven Ausgleich über die Dauerstufen erhält man nach (3) entsprechend modifizierte allgemeine Funktionen.

Von der Vielzahl der möglichen Formen sollen ebenfalls aufbauend auf Gl. (37) nur noch für den Ausgleich mit Exponential-Ansatz Gl. (31)

$$x(t,n) = a_u + b_u \ln t - (a_w + b_w \ln t) \cdot \ln n \qquad (39)$$

und für den Ausgleich nach erweitertem Potenz-Ansatz mit 3 freien Koeffizienten (Gl. (34))

$$x(t,n) = a_u'(t+c_u)^{b_u} - a_w'(t+c_w)^{b_w} \cdot \ln n \qquad (40)$$

explizit aufgeführt werden.

a_u, b_u, c_u sind Regressionskoeffizienten für den statistischen Parameter u in Abhängigkeit der Dauerstufe

a_w, b_w, c_w sind Regressionskoeffizienten für den Ausgleich des statistischen Parameters w.

Selbstverständlich sind auch Mischformen möglich, wenn die statistischen Parameter mit unterschiedlichen Regressionsansätzen optimal auszugleichen sind.

5.3 ERGÄNZENDE HINWEISE ZU DEN DAUER-HÄUFIGKEITS-BEZIEHUNGEN

5.3.1 Korrektur bei äquidistanten Grundintervallen

Beim regressiven Ausgleich der statistischen Parameter über die verschiedenen Dauerstufen ist insbesondere auf Merkmalsgleichartigkeit der analysierten Stichproben zu achten.

Das wasserwirtschaftlich interessante Merkmal ist in der Regel die "Starkregenhöhe innerhalb der betrachteten Dauerstufe". Der Anfangszeitpunkt der Dauerstufe wird flexibel gehalten, so daß die für die Dauerstufe maximalen Starkregenhöhen Elemente der Stichprobe bilden.

Bei äquidistanter Zeitintervallaufteilung (z.B. bei speziellen Arten der Zeitreihendigitalisierung, aber auch bei der täglichen bzw. 3-mal täglichen Regenhöhenablesung zu festem Zeitpunkt) werden nicht immer die tatsächlich aufgetretenen maximalen Regenhöhen innerhalb der Dauerstufe gewertet, so daß ein systematischer Fehler entsteht. Dieser systematische Fehler, der sich vor allem als Minderung im arithmetischen Mittel der Stichprobe (bzw. beim Parameter u) niederschlägt, ist vor dem Ausgleich der statistischen Parameter zu kompensieren.

Weiss [14] gab erstmals als Korrektur für die äquidistante Grundintervalldauer eine Erhöhung um 14 % an. Werden mehrere äquidistante Grundablesungen zu einer längeren Dauerstufe additiv zusammengefügt, so verringert sich die erforderliche Korrektur, bei zwei zusammengefügten Intervallen beträgt sie 7 % , bei 6 Intervallen noch 2 % .

Diese Korrekturwerte wurden in jüngster Zeit mehrfach empirisch überprüft und können für eine pauschale Korrektur empfohlen werden.

Wichtig wird die angesprochene Korrektur z.B. beim gemeinsamen regressiven Ausgleich von statistischen Parametern kurzer Starkregen (aus Regenschreiberaufzeichnungen) und der längeren Dauerstufen aus Ablesungen eines Regenmessers, oder generell, wenn nur äquidistante Grundintervalle (wie etwa die Folge stündlicher Regenhöhen) vorliegen.

Praktisch gewinnt man durch Einbeziehung der Dateninformation aus Tagesablesungen und der dreimal täglichen Ablesung eines Regenmessers sichere "Stützstellen" für die Ermittlung der Regenreihen im Bereich der längeren Dauerstufen.

Daten aus Regenschreiberaufzeichnungen sind in diesem Bereich meist nicht gleichermaßen zuverlässig, insbesondere, weil mit zunehmender Dauerstufe auch winterliche Starkregenereignisse eine Rolle spielen.

5.3.2 Zusammenführung der Dauerstufenbereiche

Da der Parameterausgleich über die Dauerstufen zunächst getrennt für die Bereiche

- kurze Starkregen
- mehrstündige Starkregen
- mehrtägige Starkregen

durchgeführt wird, läßt sich nicht vermeiden, daß an starr festgesetzten Bereichsgrenzen Sprünge entstehen, was selbstverständlich nicht akzeptiert werden kann. Es ist dann zu prüfen, ob eventuell für benachbarte Bereiche ein gemeinsames Ausgleichsverfahren mit möglichem höherwertigem Funktionsansatz eine akzeptable Restabweichung nach Gl.(29) liefert.

Andererseits bleiben zwei Möglichkeiten:

1.) An den festgesetzten Bereichsgrenzen werden die divergierenden Funktionswerte gemittelt. Der Mittelwert geht im folgenden als Festpunkt in eine erneute Ausgleichsrechnung der angrenzenden Dauerstufenbereiche ein. Vorteil ist die Beibehaltung der vorgegebenen Bereichsgrenze, Nachteil eine Erschwernis des mathematischen Ausgleichs bei komplizierteren Funktionsansätzen.

2.) Der Schnittpunkt der ermittelten Ausgleichsfunktionen

zweier benachbarter Bereiche wird als neue mathematische Bereichsgrenze definiert. Bei vorheriger geringer Überschneidung der Stützstellen beim internen Bereichsausgleich ist in der Regel sichergestellt, daß der Schnittpunkt auch nur in vernünftigen Schranken variiert.
Der Vorteil dieser Methode liegt auf der Hand. Nachteilig ist aber neben der varrierenden Bereichsabgrenzung, daß auch die verschiedenen statistischen Parameter unterschiedliche Bereichsgrenzen erhalten.

5.3.3 Zur Interpretation und praktischen Verwendung der Dauer-Häufigkeitsbeziehungen

Die beispielhaft in den Gleichungen (38) bis (40) formelmäßig beschriebenen Dauer-Häufigkeitsbeziehungen von Starkregen sind als statistische Verdichtung aus langfristig beobachteten Niederschlagszeitreihen gewonnen.

Für einen Ortspunkt geben sie die Starkregenhöhe h_N innerhalb einer Dauerstufe D zu einer jährlichen Überschreitungshäufigkeit n an.

Wenn der vorgesehenen wasserbaulichen oder wasserwirtschaftlichen Dimensionierung eine Starkregenhöhe vorgegebener Eintrittswahrscheinlichkeit zugrunde gelegt werden soll, so liefern die aufgestellten Beziehungen korrekte Angaben.

Aus den Dauer-Häufigkeitsbeziehungen können auch praktisch einsetzbare intensitätsvariable "Bemessungsregen" für die Dimensionierung nach Spitzenabflüssen konstruiert werden.

Zur Vermeidung von Interpretationsfehlern soll aber abschließend nochmals verdeutlicht werden, daß die beschriebene Dauer-Häufigkeitsbeziehung trotz der beiden Merkmale Regenhöhe und Dauer keine zweidimensionale Verteilungsfunktion repräsentiert.

Die verwendete Dauerstufe D ist kein unabhängiges statistisches Merkmal.

Einzelne Regenereignisse werden zur Ermittlung der Eintrittswahrscheinlichkeit sowohl innerhalb der kurzen Dauerstufe wie auch der längeren Dauerstufe gezählt und damit eventuell im Gesamtzusammenhang $h_N = f(D,n)$ mehrfach gewertet.

Die singuläre Aussage für die Starkregenhöhe h_N bleibt damit korrekt, integrale Wahrscheinlichkeitsaussagen mehrdimensionaler Verteilungen sind jedoch ausgeschlossen.

6 Verwendete Zeichen:

a, b, c, d	Regressionskoeffizienten
A, B	Regressionskoeffizienten (transformiert)
C_s	Schiefeparameter der Stichprobe
D	Dauerstufe
$E(\ )$	Erwartungswert
f	Zahl der Freiheitsgrade (Studentverteilung)
h_N	Regenhöhe
h	Häufigkeit
H	Summenhäufigkeit
i	Regenintensität
j	Zählindex
K	Häufigkeitsfaktor
L	Anzahl der Elemente einer Stichprobe
M	Anzahl der Beobachtungsjahre einer Stichprobe
n	jährliche Überschreitungshäufigkeit
p	Wahrscheinlichkeitsdichte
P	Verteilungsfunktion (Unterschreitungswahrsch.)
r	Rang eines Ereignisses (Index absteigend)
r	Regenspende (1/(s ha))
S	Standardabweichung
S	Schranke
t	Zeit
$t(\ )$	Wert der Studentverteilung
T	$(=1/n)$ Jährlichkeit eines Ereignisses
u, w	Parameter der Extremal-I und der Exponential-Verteilung
W	Wahrscheinlichkeit
x	Merkmalswert
X, Y	Merkmalswerte (transformiert)
z	reduzierte Variable
α	Irrtumswahrscheinlichkeit
γ	Aussagesicherheit ($\gamma = 1-\alpha$)
$\mu\ \sigma\ \gamma$	statistische Parameter der Grundgesamtheit

7 Verwendete Literatur

[1] Abwasserfachgruppe der deutschen Gesellschaft für Bauwesen e.v.: Anweisung zur Auswertung von Schreibregenmesseraufzeichnungen für wasserwirtschaftliche Zwecke (AAR 1936) München, Berlin 1937

[2] Chow, V.T.: Frequency analysis of hydrologic data with special application to rainfall intensities -University of Ilinois Bull. Belletin Series No. 414/1953

[3] Cunnane, C.: Unbiased plotting positions - a review - J. Hydrologie, 37 1978

[4] Draschoff, R.: Häufigkeitsanalyse langfristiger Niederschlagsbeobachtungen als Grundlage der Abflußstatistik kleiner Vorfluter - Mittlg. Inst. f. Wasserwirtschaft. Hydrologie..., TU Hannover, H.24 1972

[5] Dyck : Angewandte Hydrologie, Teil 1. Berechnung und Regelung des Durchflusses der Flüsse - VEB-Verlag für Bauwesen, Berlin 1976

[6] Fuchs, L.: Plotting positions für die Extremal-I-Verteilung - Monte-Carlo-Untersuchung von Plotting-Formeln- DGM 27 Jg., Heft 1/1983

[7] Gumbel, E.J.: Statistics of extremes -Columbia Univ.- Press, New York 1958

[8] Johannsen, H.H., Kumm. H.: Statistische Analyse der Dauer und Überschreitungshäufigkeit hoher Niederschläge - Deutscher Wetterdienst, Offenbach 1979

[9] Kluge, Ch.: Vergleich von Aussagen über die Wahrscheinlichkeit von Hochwasserereignissen aus Kollektiven mit unterschiedlichem Informationsgehalt - WWT, 21 (1971) 8

[10] KWK-DVWK : Regeln zur Wasserwirtschaft - Empfehlung zur Berechnung der Hochwasserwahrscheinlichkeit, Heft 101, Hamburg, Berlin 1976

[11] Langbein, W.B.: Anual flood and the partial duration flood-series - Transactions, American Geophysical Union, Vol. 30, 1949, No. 6

[12] Reinhold, F.: Regenspenden in Deutschland (Grundwerte für die Entwässerungstechnik, GE 1940) - Archiv für Wasserwirtschaft, Berlin 1940

[13] Stalmann, Schoss, Chilla: Häufigkeit von Starkregenn im Emscher- und Lippegebiet - Eigenverlag der Emschergegenossenschaft, Esen 1974

[14] Weiss, L.L.: Ratio of true to fixed-interval maximum rainfall Journal Hydraulics Div. ASCE, 90 (1) 1964

[15] WMO: Guide to hydrological practices. Ch. 5 -Hydrological Analysis WMO-No. 168, Genf 1974

[16] WMO: Selection of distribution types for extremes of precipitation - Operational Hydrology Report No. 15, WMO-No. 560, Genf 1981

TAFEL 1 : NORMIERTE VERTEILUNGSFUNKTION DER EXTREMAL-I-VERTEILUNG

Arithmetisches Mittel $\bar{z}$ und Standardabweichung S_z der reduzierten Variablen z nach Gl. (12) für verschiedene Stichprobenumfänge L

L	10	12	14	16	18	20	22	24	26	28	30	35	40	50	60	80	100	200	500	1000
$\bar{z}(L)$	0.495	0.503	0.510	0.515	0.520	0.524	0.527	0.530	0.532	0.534	0.536	0.540	0.544	0.549	0.552	0.557	0.560	0.567	0.572	0.575
$S(L)$	1.001	1.027	1.048	1.064	1.078	1.090	1.101	1.110	1.118	1.125	1.131	1.145	1.156	1.172	1.185	1.201	1.213	1.239	1.260	1.269

Werte P der Verteilungsfunktion in Abhängigkeit des Häufigkeitsfaktors K für verschiedene Stichprobenumfänge L

K	10	12	14	16	18	20	22	24	26	28	30	35	40	50	60	80	100	200	500	1000
-2.0	.011	.009	.008	.007	.006	.005	.005	.004	.004	.004	.004	.003	.003	.002	.002	.002	.002	.001	.001	.001
-1.9	.017	.014	.012	.011	.010	.009	.008	.008	.007	.007	.007	.006	.005	.005	.004	.004	.003	.003	.002	.002
-1.8	.025	.022	.019	.017	.016	.015	.014	.013	.012	.012	.011	.010	.010	.009	.008	.007	.006	.005	.004	.004
-1.7	.035	.031	.028	.026	.024	.023	.022	.021	.020	.019	.018	.017	.016	.014	.013	.012	.011	.009	.008	.008
-1.6	.049	.044	.040	.038	.035	.034	.032	.031	.030	.029	.028	.026	.025	.023	.022	.020	.019	.016	.014	.014
-1.5	.065	.060	.056	.052	.050	.048	.046	.045	.043	.042	.041	.039	.037	.035	.033	.031	.030	.026	.024	.023
-1.4	.084	.078	.074	.071	.068	.065	.063	.062	.060	.059	.058	.055	.053	.051	.049	.046	.044	.040	.037	.036
-1.3	.107	.101	.096	.092	.089	.087	.085	.083	.081	.080	.078	.076	.074	.070	.068	.065	.063	.058	.055	.053
-1.2	.132	.126	.121	.117	.114	.112	.109	.107	.106	.104	.103	.100	.098	.094	.092	.089	.087	.081	.077	.076
-1.1	.160	.154	.149	.146	.143	.140	.138	.136	.134	.133	.131	.128	.126	.123	.120	.117	.114	.109	.105	.103
-1.0	.190	.185	.181	.177	.174	.172	.169	.168	.166	.164	.163	.160	.158	.155	.152	.149	.147	.141	.137	.135
-0.9	.223	.218	.214	.211	.208	.206	.204	.202	.201	.199	.198	.195	.193	.190	.188	.185	.182	.177	.173	.171
-0.8	.257	.253	.250	.247	.244	.242	.241	.239	.238	.237	.235	.233	.231	.229	.226	.224	.222	.217	.213	.211
-0.7	.293	.289	.286	.284	.282	.281	.279	.278	.277	.276	.275	.273	.271	.269	.267	.265	.263	.259	.256	.254
-0.6	.329	.327	.324	.323	.321	.320	.319	.318	.317	.316	.316	.314	.313	.311	.310	.308	.307	.303	.301	.300
-0.5	.366	.364	.363	.362	.361	.360	.359	.358	.357	.357	.356	.355	.354	.353	.352	.351	.349	.347	.346	
-0.4	.403	.402	.401	.401	.400	.400	.400	.399	.399	.399	.399	.398	.398	.397	.397	.396	.395	.394	.393	.392
-0.3	.439	.439	.439	.440	.440	.440	.440	.440	.440	.440	.440	.440	.440	.440	.440	.440	.440	.439	.439	.439
-0.2	.475	.476	.477	.478	.478	.479	.479	.479	.480	.480	.480	.481	.481	.482	.482	.483	.483	.484	.484	.484
-0.1	.510	.512	.513	.515	.516	.517	.517	.518	.519	.519	.520	.521	.522	.523	.524	.525	.526	.527	.528	
+0.0	.544	.546	.549	.550	.552	.553	.554	.555	.556	.557	.557	.558	.560	.561	.562	.564	.565	.567	.569	.570
+0.1	.576	.580	.582	.585	.586	.588	.589	.590	.591	.592	.593	.595	.596	.598	.600	.602	.603	.606	.608	.609
+0.2	.607	.611	.614	.617	.619	.621	.623	.624	.625	.626	.627	.629	.631	.633	.635	.637	.639	.642	.645	.646
+0.3	.637	.641	.645	.648	.650	.652	.654	.656	.657	.658	.659	.662	.663	.666	.668	.671	.672	.676	.679	.681
+0.4	.665	.670	.674	.677	.680	.682	.684	.685	.687	.688	.689	.692	.694	.697	.699	.702	.704	.708	.711	.713
+0.5	.691	.697	.701	.704	.707	.709	.711	.713	.715	.716	.717	.720	.722	.725	.727	.730	.732	.737	.740	.742
+0.6	.716	.722	.726	.730	.732	.735	.737	.739	.741	.742	.743	.746	.748	.751	.754	.757	.759	.764	.767	.769
+0.7	.739	.745	.749	.753	.756	.759	.761	.763	.764	.766	.767	.770	.772	.775	.778	.781	.783	.788	.792	.793
+0.8	.761	.767	.771	.775	.778	.781	.783	.785	.786	.788	.789	.792	.794	.798	.800	.803	.805	.810	.814	.815
+0.9	.781	.787	.791	.795	.798	.801	.803	.805	.807	.808	.810	.812	.815	.818	.820	.823	.825	.830	.834	.836
+1.0	.799	.805	.810	.814	.817	.819	.822	.824	.825	.827	.828	.831	.833	.836	.839	.842	.844	.849	.852	.854
+1.1	.817	.823	.827	.831	.834	.837	.839	.841	.842	.844	.845	.848	.850	.853	.855	.858	.860	.865	.868	.870
+1.2	.832	.838	.843	.847	.850	.852	.854	.856	.858	.859	.860	.863	.865	.868	.870	.873	.875	.880	.883	.884
+1.3	.847	.853	.857	.861	.864	.866	.868	.870	.872	.873	.874	.877	.879	.882	.884	.887	.889	.893	.896	.898
+1.4	.861	.866	.871	.874	.877	.879	.881	.883	.884	.886	.887	.889	.891	.894	.896	.899	.901	.905	.908	.909
+1.5	.873	.879	.883	.886	.889	.891	.893	.895	.896	.897	.898	.901	.903	.905	.907	.910	.912	.915	.918	.920
+1.6	.884	.890	.894	.897	.900	.902	.904	.905	.906	.908	.909	.911	.913	.915	.917	.920	.921	.925	.928	.929
+1.7	.895	.900	.904	.907	.909	.911	.913	.915	.916	.917	.918	.920	.922	.924	.926	.928	.930	.933	.936	.937
+1.8	.904	.909	.913	.916	.918	.920	.922	.923	.924	.926	.927	.929	.930	.932	.934	.936	.938	.941	.943	.944
+1.9	.913	.918	.921	.924	.926	.928	.930	.931	.932	.933	.934	.936	.937	.940	.941	.943	.945	.948	.951	
+2.0	.921	.925	.929	.931	.934	.935	.937	.938	.939	.940	.941	.943	.944	.946	.948	.949	.951	.954	.956	.956
+2.1	.928	.932	.936	.938	.940	.942	.943	.944	.945	.946	.947	.949	.950	.952	.953	.955	.956	.959	.961	.962
+2.2	.935	.939	.942	.944	.946	.948	.949	.950	.951	.952	.953	.954	.955	.957	.958	.960	.961	.964	.965	.966
+2.3	.941	.945	.947	.950	.951	.953	.954	.955	.956	.957	.958	.959	.960	.962	.963	.964	.965	.968	.969	.970
+2.4	.946	.950	.953	.955	.956	.958	.959	.960	.961	.961	.962	.963	.964	.966	.967	.968	.969	.971	.973	.974
+2.5	.951	.955	.957	.959	.961	.962	.963	.964	.965	.965	.966	.967	.968	.970	.971	.972	.973	.975	.976	.977
+2.6	.956	.959	.961	.963	.965	.966	.967	.968	.968	.969	.970	.971	.972	.973	.974	.975	.976	.978	.979	.979
+2.7	.960	.963	.965	.967	.968	.969	.970	.971	.972	.972	.973	.974	.975	.976	.977	.978	.979	.980	.981	.982
+2.8	.964	.966	.969	.970	.971	.972	.973	.974	.975	.975	.976	.977	.977	.979	.979	.980	.981	.982	.983	.984
+2.9	.967	.970	.972	.973	.974	.975	.976	.977	.977	.978	.978	.979	.980	.981	.982	.983	.983	.985	.986	.986
+3.0	.970	.973	.974	.976	.977	.978	.979	.979	.980	.980	.981	.982	.982	.983	.984	.985	.985	.986	.987	.988
+3.1	.973	.975	.977	.978	.979	.980	.981	.981	.982	.982	.983	.983	.984	.985	.985	.986	.987	.988	.989	.989
+3.2	.976	.979	.979	.980	.981	.982	.983	.983	.984	.984	.985	.986	.986	.987	.987	.988	.988	.989	.990	.990
+3.3	.978	.980	.981	.982	.983	.984	.985	.985	.985	.986	.986	.987	.987	.988	.988	.989	.989	.990	.991	.991
+3.4	.980	.982	.983	.984	.985	.986	.986	.987	.987	.987	.988	.988	.989	.989	.990	.990	.991	.991	.992	.993
+3.5	.982	.984	.985	.986	.986	.987	.988	.988	.988	.989	.989	.990	.990	.991	.991	.991	.992	.992	.993	.993
+3.6	.984	.985	.986	.987	.988	.988	.989	.989	.990	.990	.990	.991	.991	.992	.992	.992	.993	.993	.994	.994
+3.7	.985	.987	.988	.988	.989	.990	.990	.990	.991	.991	.991	.992	.992	.992	.993	.993	.994	.994	.995	.995
+3.8	.987	.988	.989	.990	.990	.991	.991	.991	.992	.992	.992	.993	.993	.993	.994	.994	.994	.995	.995	.995
+3.9	.988	.989	.990	.991	.991	.992	.992	.992	.993	.993	.993	.993	.994	.994	.994	.995	.995	.995	.996	.996
+4.0	.989	.990	.991	.992	.992	.992	.993	.993	.993	.994	.994	.994	.994	.995	.995	.995	.995	.996	.996	.996

TAFEL 2: Normierte Normalverteilung (parameterfrei) Unterschreitungswahrscheinlichkeit P in Abhängigkeit vom Häufigkeitsfaktor K

K	P(K)	K	P(K)	K	P(K)
-3.00	0.0013	-1.00	0.1587	+1.00	0.8413
-2.95	0.0016	-0.95	0.1711	+1.05	0.8531
-2.90	0.0019	-0.90	0.1841	+1.10	0.8643
-2.85	0.0022	-0.85	0.1977	+1.15	0.8749
-2.80	0.0026	-0.80	0.2119	+1.20	0.8849
-2.75	0.0030	-0.75	0.2266	+1.25	0.8944
-2.70	0.0035	-0.70	0.2420	+1.30	0.9032
-2.65	0.0040	-0.65	0.2578	+1.35	0.9115
-2.60	0.0047	-0.60	0.2743	+1.40	0.9192
-2.55	0.0054	-0.55	0.2912	+1.45	0.9265
-2.50	0.0062	-0.50	0.3085	+1.50	0.9332
-2.45	0.0071	-0.45	0.3264	+1.55	0.9394
-2.40	0.0082	-0.40	0.3446	+1.60	0.9452
-2.35	0.0094	-0.35	0.3632	+1.65	0.9505
-2.30	0.0107	-0.30	0.3821	+1.70	0.9554
-2.25	0.0122	-0.25	0.4013	+1.75	0.9599
-2.20	0.0139	-0.20	0.4207	+1.80	0.9641
-2.15	0.0158	-0.15	0.4404	+1.85	0.9678
-2.10	0.0179	-0.10	0.4602	+1.90	0.9713
-2.05	0.0202	-0.05	0.4801	+1.95	0.9744
-2.00	0.0228	+0.00	0.5000	+2.00	0.9773
-1.95	0.0256	+0.05	0.5199	+2.05	0.9798
-1.90	0.0287	+0.10	0.5398	+2.10	0.9821
-1.85	0.0322	+0.15	0.5596	+2.15	0.9842
-1.80	0.0359	+0.20	0.5793	+2.20	0.9861
-1.75	0.0401	+0.25	0.5987	+2.25	0.9878
-1.70	0.0446	+0.30	0.6179	+2.30	0.9893
-1.65	0.0495	+0.35	0.6368	+2.35	0.9906
-1.60	0.0548	+0.40	0.6554	+2.40	0.9918
-1.55	0.0606	+0.45	0.6736	+2.45	0.9929
-1.50	0.0668	+0.50	0.6915	+2.50	0.9938
-1.45	0.0735	+0.55	0.7088	+2.55	0.9946
-1.40	0.0808	+0.60	0.7257	+2.60	0.9953
-1.35	0.0885	+0.65	0.7422	+2.65	0.9960
-1.30	0.0968	+0.70	0.7580	+2.70	0.9965
-1.25	0.1056	+0.75	0.7734	+2.75	0.9970
-1.20	0.1151	+0.80	0.7881	+2.80	0.9974
-1.15	0.1251	+0.85	0.8023	+2.85	0.9978
-1.10	0.1357	+0.90	0.8159	+2.90	0.9981
-1.05	0.1469	+0.95	0.8289	+2.95	0.9984

Tafel 3 Normierte Pearson-3- Verteilung

Unterschreitungswahrscheinlichkeit P in Abhängigkeit von Schiefe C_s und Häufigkeitsfaktor K

Reduzierte Variable K(P,Cs)	Schiefekoeffizient Cs																			
	0.0	0.1	0.2	0.3	0.4	0.5	0.6	0.7	0.8	0.9	1.0	1.2	1.4	1.6	1.8	2.0	2.2	2.4	2.6	2.8	3.0
-2.0	.023	.020	.017	.014	.011	.008	.005	.003	.001	.000	.000										
-1.9	.029	.026	.023	.019	.016	.013	.009	.006	.003	.001	.000										
-1.8	.036	.033	.030	.026	.022	.018	.014	.010	.006	.003	.001										
-1.7	.045	.041	.038	.034	.030	.026	.022	.017	.012	.007	.003										
-1.6	.055	.052	.048	.045	.041	.036	.031	.026	.021	.015	.009	.000									
-1.5	.067	.064	.061	.057	.053	.049	.044	.038	.032	.026	.019	.005									
-1.4	.081	.078	.075	.072	.068	.064	.059	.054	.048	.041	.034	.017	.001								
-1.3	.097	.095	.092	.089	.086	.082	.078	.073	.067	.061	.054	.036	.013								
-1.2	.115	.113	.109	.107	.104	.100	.096	.091	.085	.079	.062	.039	.009								
-1.1	.136	.135	.134	.132	.130	.128	.125	.122	.118	.114	.109	.095	.076	.047	.004						
-1.0	.159	.159	.158	.158	.157	.156	.154	.152	.150	.147	.143	.133	.119	.097	.063						
-0.9	.184	.185	.185	.186	.186	.186	.186	.185	.184	.183	.181	.175	.166	.152	.131	.095	.020				
-0.8	.212	.214	.215	.217	.218	.219	.220	.221	.221	.221	.221	.220	.216	.210	.199	.181	.151	.090			
-0.7	.242	.245	.247	.250	.252	.254	.257	.259	.261	.262	.264	.267	.268	.268	.265	.259	.248	.229	.194	.108	
-0.6	.274	.278	.281	.285	.288	.292	.295	.298	.302	.305	.308	.314	.319	.324	.328	.329	.330	.327	.320	.306	.279
-0.5	.309	.313	.317	.322	.326	.331	.335	.340	.344	.348	.353	.361	.370	.378	.386	.393	.400	.405	.409	.412	.411
-0.4	.345	.350	.355	.360	.365	.371	.376	.381	.387	.392	.397	.408	.419	.430	.441	.451	.461	.471	.480	.489	.497
-0.3	.382	.388	.394	.400	.405	.411	.417	.423	.429	.436	.442	.454	.466	.479	.491	.503	.516	.527	.539	.550	.561
-0.2	.421	.427	.433	.440	.446	.452	.459	.465	.472	.478	.485	.498	.511	.524	.538	.550	.564	.576	.589	.601	.613
-0.1	.460	.467	.473	.480	.487	.493	.500	.506	.513	.520	.527	.540	.553	.567	.580	.593	.606	.619	.632	.644	.656
0.0	.500	.507	.513	.520	.527	.533	.540	.547	.553	.560	.567	.580	.593	.606	.619	.632	.645	.657	.669	.681	.692
0.1	.540	.546	.553	.559	.566	.572	.579	.585	.592	.598	.605	.617	.630	.643	.655	.667	.679	.691	.702	.713	.724
0.2	.579	.586	.592	.598	.604	.610	.616	.622	.628	.635	.641	.653	.664	.676	.688	.699	.710	.721	.731	.741	.751
0.3	.618	.624	.629	.635	.641	.646	.652	.658	.663	.669	.674	.685	.696	.707	.717	.727	.738	.747	.757	.766	.775
0.4	.655	.661	.666	.671	.676	.681	.686	.691	.696	.701	.706	.716	.725	.735	.744	.753	.762	.771	.780	.788	.796
0.5	.691	.696	.700	.705	.709	.713	.718	.722	.726	.731	.735	.744	.752	.760	.769	.777	.785	.793	.800	.808	.815
0.6	.726	.729	.733	.736	.740	.744	.747	.751	.755	.758	.762	.769	.777	.784	.791	.798	.805	.812	.819	.825	.831
0.7	.758	.761	.763	.766	.769	.772	.775	.778	.781	.784	.787	.793	.799	.805	.811	.817	.823	.829	.835	.841	.846
0.8	.788	.790	.792	.794	.796	.798	.800	.802	.805	.807	.809	.814	.819	.824	.830	.835	.840	.845	.850	.855	.860
0.9	.816	.817	.818	.819	.820	.822	.823	.825	.827	.828	.830	.834	.838	.842	.846	.850	.855	.859	.863	.868	.872
1.0	.841	.841	.842	.843	.843	.844	.845	.846	.848	.849	.852	.855	.858	.861	.864	.868	.872	.876	.879	.883	
1.1	.864	.864	.863	.863	.863	.863	.863	.864	.864	.865	.866	.868	.870	.872	.875	.877	.880	.883	.887	.890	.893
1.2	.885	.884	.883	.882	.881	.881	.880	.881	.881	.881	.882	.883	.885	.887	.889	.892	.894	.897	.899	.902	
1.3	.903	.901	.900	.899	.897	.897	.896	.895	.895	.895	.895	.896	.897	.898	.900	.902	.903	.906	.908	.910	
1.4	.919	.917	.915	.913	.912	.911	.910	.909	.908	.907	.907	.907	.907	.908	.909	.911	.912	.914	.915	.917	
1.5	.933	.931	.928	.926	.925	.923	.922	.921	.920	.919	.918	.917	.917	.917	.918	.919	.920	.921	.923	.924	
1.6	.945	.942	.940	.938	.936	.934	.933	.931	.930	.929	.928	.927	.926	.925	.926	.926	.927	.928	.929	.930	
1.7	.955	.953	.950	.948	.946	.944	.942	.940	.939	.938	.937	.935	.934	.933	.933	.933	.934	.935	.936		
1.8	.964	.961	.959	.956	.954	.952	.950	.949	.947	.946	.945	.943	.941	.940	.940	.939	.939	.940	.940	.941	
1.9	.971	.969	.966	.964	.961	.959	.957	.956	.954	.953	.952	.949	.948	.946	.946	.945	.945	.945	.945	.946	
2.0	.977	.975	.972	.970	.968	.966	.964	.962	.960	.959	.958	.955	.953	.952	.951	.950	.950	.949	.949	.950	
2.1	.982	.980	.977	.975	.973	.971	.969	.967	.966	.964	.963	.961	.959	.957	.956	.955	.954	.954	.954	.954	
2.2	.986	.984	.982	.980	.978	.976	.974	.972	.971	.969	.968	.965	.963	.962	.960	.959	.958	.958	.958	.957	.957
2.3	.989	.987	.985	.983	.981	.980	.978	.976	.975	.973	.972	.969	.967	.966	.964	.963	.962	.962	.961	.961	
2.4	.992	.990	.988	.986	.985	.983	.981	.980	.978	.977	.976	.973	.971	.969	.968	.966	.966	.965	.964	.964	
2.5	.994	.992	.991	.989	.987	.986	.984	.983	.981	.980	.979	.976	.974	.973	.971	.970	.969	.968	.967	.967	
2.6	.995	.994	.993	.991	.990	.988	.987	.985	.984	.983	.982	.979	.977	.975	.974	.972	.971	.970	.969	.968	
2.7	.997	.995	.994	.993	.992	.990	.989	.988	.986	.985	.984	.982	.980	.978	.977	.975	.974	.973	.972	.971	
2.8	.997	.996	.995	.994	.993	.992	.991	.989	.988	.987	.986	.984	.982	.980	.979	.977	.976	.975	.974		
2.9	.998	.997	.996	.995	.994	.993	.992	.991	.990	.988	.988	.986	.984	.983	.981	.980	.979	.978	.977	.978	
3.0	.999	.998	.997	.996	.995	.994	.993	.992	.991	.990	.989	.987	.986	.985	.983	.982	.981	.980	.980	.979	
3.1	.999	.999	.998	.997	.996	.995	.994	.993	.993	.992	.991	.989	.987	.986	.985	.984	.983	.982	.981	.980	
3.2	.999	.999	.999	.998	.997	.996	.995	.995	.994	.993	.992	.991	.989	.988	.987	.986	.985	.984	.983	.982	
3.3	1	.999	.999	.998	.998	.997	.996	.996	.995	.994	.993	.992	.990	.989	.988	.987	.986	.985	.984	.983	
3.4	1	.999	.999	.999	.998	.998	.997	.996	.996	.995	.994	.993	.991	.990	.989	.988	.987	.986	.985	.984	
3.5	1	1	.999	.999	.999	.998	.998	.997	.997	.996	.995	.994	.992	.991	.990	.989	.988	.987	.986	.985	
3.6	1	1	.999	.999	.999	.998	.998	.997	.997	.996	.995	.993	.992	.991	.990	.989	.988	.987	.986		
3.7	1	1	1	.999	.999	.999	.998	.998	.997	.997	.996	.995	.993	.992	.991	.990	.989	.988	.988	.987	
3.8	1	1	1	1	.999	.999	.999	.998	.998	.997	.997	.996	.995	.993	.992	.991	.991	.989	.989		
3.9	1	1	1	1	1	.999	.999	.999	.998	.998	.997	.996	.995	.994	.993	.992	.991	.990	.989		
4.0	1	1	1	1	1	1	.999	.999	.999	.998	.998	.997	.996	.995	.994	.993	.992	.992	.991	.990	

TAFEL 4: Grenzwerte $t(\alpha)$ der Student- Verteilung zur Irrtumswahrscheinlichkeit α (zweiseitig) für verschiedene Freiheitsgrade f

α [%]	Freiheitsgrad f											
	8	10	12	14	16	18	20	22	25	30	40	50	100
40	0.89	0.88	0.87	0.87	0.87	0.86	0.86	0.86	0.86	0.85	0.85	0.85	0.85
20	1.40	1.36	1.36	1.35	1.34	1.33	1.33	1.32	1.32	1.31	1.30	1.30	1.29
10	1.86	1.80	1.78	1.76	1.75	1.73	1.73	1.72	1.71	1.70	1.68	1.68	1.66
5	2.31	2.23	2.18	2.15	2.12	2.10	2.09	2.07	2.06	2.04	2.02	2.01	1.98
2	2.90	2.76	2.68	2.62	2.58	2.55	2.53	2.51	2.49	2.46	2.42	2.40	2.37
1	3.36	3.17	3.06	2.98	2.92	2.88	2.85	2.82	2.79	2.75	2.70	2.68	2.63

Tafel 5   Koeffizientenbestimmung zum regressiven Ausgleich nach der Methode der kleinsten Quadrate

Typ	Funktion	Normalgleichungen	Lösungsweg
I	$y = a+bx$	$L \cdot a + s_1 \cdot b - s_2 = 0$ (1) $s_1 \cdot a + s_3 \cdot b - s_4 = 0$ (2) mit $s_1 = \sum x$; $s_2 = \sum y$ $s_3 = \sum x^2$; $s_4 = \sum xy$	$a = (s_2 \cdot s_3 - s_1 \cdot s_4)/(L \cdot s_3 - s_1 \cdot s_1)$ $b = (L \cdot s_4 - s_1 \cdot s_2)/(L \cdot s_3 - s_1 \cdot s_1)$
II	$y = a \cdot \ln(bx+1)$	$a \cdot s_1 - s_2 = 0$ (1) $a \cdot s_3 - s_4 = 0$ (2) mit $s_1 = \sum \ln^2(bx+1)$; $s_2 = \sum y \cdot \ln(bx+1)$ $s_3 = \sum \frac{x \cdot \ln(bx+1)}{bx+1}$; $s_4 = \sum \frac{y \cdot x}{bx+1}$	$a = s_2/s_1 = s_4/s_3$ $\rightarrow f(b) = s_2 \cdot s_3 - s_4 \cdot s_1 = 0$ Nullstellen der Funktion $f(b) = 0$ bestimmen $\rightarrow b = ...$; $a = ...$
III	$y = a \cdot (x+c)^b$ Transformation $y = A + b \cdot \ln(x+c)$ mit : $Y = \ln y$; $A = \ln a$	$L \cdot A + s_1 \cdot b - s_2 = 0$ (1) $s_1 \cdot A + s_3 \cdot b - s_4 = 0$ (2) $s_5 \cdot A + s_6 \cdot b - s_7 = 0$ (3) mit : $s_1 = \sum \ln(x+c)$; $s_2 = \sum Y$ $s_3 = \sum \ln^2(x+c)$; $s_4 = \sum Y \cdot \ln(x+c)$ $s_5 = \sum \frac{1}{x+c}$; $s_6 = \sum \frac{\ln(x+c)}{x+c}$ $s_7 = \sum \frac{Y}{x+c}$	$b = (L \cdot s_4 - s_1 \cdot s_2)/(L \cdot s_3 - s_1^2)$ (4) $A = (s_2 \cdot s_3 - s_1 \cdot s_4)/(L \cdot s_3 - s_1^2)$ (5) (4) und (5) in (3) einsetzen $\rightarrow f(c) = 0$ Nullstelle der Funktion $f(c) = 0$ bestimmen $\rightarrow c = ...$ b aus (4) $\rightarrow b = ...$ A aus (5) $\rightarrow a = e^A$
IV	$y = ax^b + cx$	$s_1 \cdot a + s_2 \cdot c - s_3 = 0$ (1) $s_2 \cdot a + s_4 \cdot c - s_5 = 0$ (2) $s_6 \cdot a + s_7 \cdot c - s_8 = 0$ (3) mit : $s_1 = \sum x^{2b}$; $s_2 = \sum x^{b+1}$ $s_3 = \sum y \cdot x^b$; $s_4 = \sum x^2$ $s_5 = \sum x \cdot y$; $s_6 = \sum x^{2b} \cdot \ln x$ $s_7 = \sum x^{b+1} \cdot \ln x$; $s_8 = \sum y \cdot x^b \cdot \ln x$	$a = (s_5 \cdot s_2 - s_3 \cdot s_4)/(s_2 \cdot s_2 - s_1 \cdot s_4)$ (4) $c = s_3/s_2 - a \cdot s_1/s_2$ (5) (4) und (5) in (3) einsetzen $\rightarrow f(b) = 0$ Nullstelle der Funktion $f(b) = 0$ bestimmen $\rightarrow b = ...$ a aus (4) $\rightarrow a = ...$ c aus (5) $\rightarrow c = ...$
V	$y = a + bx + cz$	$L \cdot a + s_1 \cdot b + s_2 \cdot c - s_3 = 0$ (1) $s_1 \cdot a + s_4 \cdot b + s_6 \cdot c - s_7 = 0$ (2) $s_2 \cdot a + s_6 \cdot b + s_5 \cdot c - s_8 = 0$ (3) mit : $s_1 = \sum x$; $s_2 = \sum z$; $s_3 = \sum y$ $s_4 = \sum x^2$; $s_5 = \sum z^2$; $s_6 = \sum xz$ $s_7 = \sum xy$; $s_8 = \sum zy$	$\rightarrow$ lineares Gleichungs-System zur Bestimmung der Koeffizienten a, b, c $\begin{bmatrix} L & s_1 & s_2 \\ s_1 & s_4 & s_6 \\ s_2 & s_6 & s_5 \end{bmatrix} \cdot \begin{bmatrix} a \\ b \\ c \end{bmatrix} = \begin{bmatrix} s_3 \\ s_7 \\ s_8 \end{bmatrix}$

L = Anzahl der Wertepaare
Die Summenbildung ist für alle Wertepaare von i=1 bis L durchzuführen.

DVWK - PUBLIKATIONEN

Veröffentlichungen des
DEUTSCHEN VERBANDES FÜR WASSERWIRTSCHAFT UND KULTURBAU e.V.

DVWK-SCHRIFTEN

Format DIN A 5. Zu beziehen durch den Verlag Paul P a r e y, Hamburg und Berlin, Spitalerstrasse 12, Postfach 106304, D-2000 Hamburg 1, Tel.: (040) 33969-0. Die Hefte 1 bis 25, 28, 30, 31 und 33 bis 37 sind vergriffen, Belegexemplare sind z.T. noch bei der DVWK-Geschäftsstelle erhältlich.

Heft 26: Der Bisam und andere Wühltiere am Wasser - Dr. E. Gersdorf, Hannover, 1976 - 205 S., 23 B., 2 T., broschiert.

Heft 27: I. Der Ablauf von Hochwasserwellen in Gerinnen - Prof. Dr.-Ing. E. Plate, Karlsruhe, Prof. Dr.-Ing. E.A. Schultz, Karlsruhe, Priv.Doz. Dr.-Ing. G.J. Seus, München, Dr.-Ing. H. Wittenberg, Karlsruhe; II. Die Anwendung von Regressionsverfahren in der Hydrologie - Akad.Rat Dr.-Ing. W. Buck, Karlsruhe, Dr.-Ing. B. Grobe, Braunschweig, Dipl.-Math. D. Koberg, Karlsruhe, Dr.-Ing. Lauruschkat, Braunschweig, Reg.Direktor Dr. H.-J. Liebscher, Koblenz, Reg.Baumeister Dr.-Ing. N. Thiess, Karlsruhe, Dipl.-Ing. W. Trau, Braunschweig, 1977 - 187 S., 30 B., 12 T., broschiert.

Heft 29: Baggerseen - Bestandsaufnahme, Hydrologie und planerische Konsequenzen - Dr.-Ing. E. Lübbe, 1977, 2. Auflage 1978 - 240 S., 59 B., 25 T., broschiert.

Heft 32: Verockerungen - Diagnose und Therapie - Prof. Dr.-Ing. H. Kuntze, Bremen, 1978 - 148 S., 28 B., 33 T., 8 S. Zusammenfassung in Englisch, broschiert.

Heft 38: Naturmessungen im Wasserbau - Möglichkeiten und Grenzen neuer Meßverfahren - zusammengestellt von H. Hanisch, J. Grimm-Strele und H. Fleig, 1977 - 108 S., 62 B., 2 T., broschiert.

Heft 39: Wasserbauliches Versuchswesen - zusammengestellt von H. Kobus, 2., revidierte Auflage 1984 - 369 S., 168 B., broschiert.

Heft 40: Gewässerpflege - Bodennutzung - Landschaftsschutz, Vorträge und Diskussionen der KWK-Fachtagung am 5. und 6. Oktober 1978 in Bad Dürkheim, 1979 - 312 S., 100 B., 21 T., broschiert.

Heft 41: Wald und Wasser - Entwicklung und Stand - zusammengestellt von K.-H. Günther, Essen, 1979 - 150 S., 53 B., 21 T., broschiert.

Heft 42: I. Brache, Wasserhaushalt und Folgenutzungen - Dr.-Ing. H.-J. Vogel, Hürth; II. Erosionsmessungen in einem Hopfengarten der Hallertau - P. Haushahn, München und M. Porzelt, München, 1979 - 172 S., 47 B., 10 T., broschiert.

Heft 43: Talsperrenbau und bauliche Probleme der Pumpspeicherwerke, Vorträge zum DNK-Symposium vom 6.-8. Dezember 1978 in München, 1980 - 364 S., 209 B., 3 T., broschiert, vergriffen.

Heft 44: Hydrologische Verfahren und Beispiele für die wasserwirtschaftliche Bemessung von Hochwasserrückhaltebecken - Dr.-Ing. K. Ludwig, 1979 - 243 S., 83 B., 38 T., broschiert.

Heft 45: Beiträge zur Gewässerbeschaffenheit; I. Dynamik der Gewässerbeschaffenheit, Problemanalyse; II. Fernübertragung von Beschaffenheitsdaten der Mosel, Dr.-Ing. H. Kalweit, Dr. I. Krauß-Kalweit; III. Der Einfluß des Aufstaus und des Ausbaus der deutschen Mosel auf das biologische Bild und den Gütezustand, Dr. E. Mauch; IV. Auswirkungen von Flußstauhaltungen auf die Gewässerbeschaffenheit, 1981 - 202 S., 19 B., 8 T., 1 Falttafel, broschiert.

Heft 46: Analyse und Berechnung oberirdischer Abflüsse - I. Beitrag zur statistischen Analyse von Niedrigwasserabflüssen - Dr.-Ing. D. Belke, Dr.-Ing. T. Brandt, Dr.-Ing. H. Eggers, Dipl.-Ing. H. Fleig, Dr.-Ing. R.C. Meier, Dipl.-Ing. M. North, Prof. Dr.-Ing. R.C.M. Schröder, Dr-Ing. U. Täubert, Dr.-Ing. W. Teuber; II. Tabellen des Kolmogorov-Smirnow-Anpassungstestes für vollständig und unvollständig spezifizierte Nullhypothesen - Dr.-Ing. D. Belke; III. Die Berechnung des Abflusses aus einer Schneedecke - Dr.-Ing. D. Knauf; IV. Kurzfristige Hochwasservorhersage - Dipl.-Ing. E. Hauck; 1980 - 238 S., 2o B., 22 T., broschiert.

Heft 47: Beitrag zur Funktionsprüfung von Dränrohren (in Labormodellen natürlichen Maßstabes) - Dr.-Ing. F. Christoph, Braunschweig, 1980 - 140 S., 35 B., 11 T., broschiert.

Heft 48: Messungen von Oberflächenabfluß und Bodenabtrag auf verschiedenen Böden der Bundesrepublik Deutschland - Prof. Dr. L. Jung, Dr. H.M. Brechtel, Gießen, 1980 - 150 S., 9 T., 20 Tafelseiten Anhang, broschiert.

Heft 49: Natur- und Modellmessungen zum künstlichen Sauerstoffeintrag in Flüsse, Vorträge zum Symposium am 8. Juni 1979 in Darmstadt - zusammengestellt von Dipl.-Ing. H.-H. Hanisch, Koblenz und Prof. Dr. H. Kobus, Stuttgart, 1980 - 172 S., 73 B., 2 T., broschiert.

Heft 50: Probleme beim Einsatz von Neutronensonden im Rahmen Hydrologischer Meßprogramme - zusammengestellt von Prof. Dr. H.M. Brechtel, Hann.-Münden, 1983 - 335 S., 86 B., 31 T., broschiert.

Heft 51: Operationelle Wasserstands- und Abflußvorhersage - Vorträge zum Kolloquium am 21. und 22. November 1979 in Bad Nauheim - zusammengestellt von Dr. H.-G. Mendel, Koblenz, 1980 - 293 S., 81 Abb., 7 Tabellen, 4 Anlagen, broschiert.

Heft 52: Norddeutsche Tiefebene und Küste, Vorträge und Diskussionen der Fachtagung Oktober 1980 in Bremen, 1981 - 183 S., 31 B., 2 T., broschiert.

Heft 53: Anthropogene Einflüsse auf das Hochwassergeschehen - I. Modellrechnungen über den Einfluß von Regulierungsmaßnahmen auf den Hochwasserabfluß, Dipl.- Ing. P. Handel; II. Untersuchungen über die Auswirkungen der Urbanisierung auf den Hochwasserabfluß, Dr.-Ing. H.-R. Verworn, 1982 - 198 S., 50 B., 14 T., 8 Anlagen, broschiert.

Heft 54: Auswertung hydrochemischer Daten - I. Statistische Methoden zur Auswertung hydrochemischer Daten, Prof. Dr. H. Hötzl; II. Regionalisierung geohydrochemischer Daten, Dr.habil. H.D. Schulz; III. Geohydrochemie im Buntsandstein der Bundesrepublik Deutschland, Prof. Dr. B. Hölting, Dr. W. Kanz, Dr.habil. H.D. Schulz, 1982 - 211 S., 51 B., 36 T., broschiert.

Heft 55: Gewässerbelastung in ländlichen Räumen, Untersuchungen im Honigaugebiet (Ostholstein) - Dr. R. Kretzschmar, Bremen, 1982 - 151 S., 13 B., 15 T., broschiert.

Heft 56: Angewandte Optimierungsmodelle der Wasserwirtschaft, Zusammenstellung von in der Bundesrepublik Deutschland entwickelten oder eingesetzten Optimierungsmodellen der Wasserwirtschaft, Fachausschuß "Optimierungsverfahren wasserwirtschaftlicher Systeme", 1982 361 S., 57 B., 38 T., broschiert.

Heft 57: Einfluß der Landnutzung auf den Gebietswasserhaushalt - I. Die Interzeption des Niederschlags in landwirtschaftlichen Pflanzenbeständen, Dr. J. von Hoyningen-Huene; II. Einfluß land- und forstwirtschaftlicher Bodennutzung sowie von Sozialbrache auf die Wasserqualität kleiner Bachläufe im ländlichen Mittelgebirgsraum, Dipl.-Geogr. V. Sokollek, Dr. W. Süßmann, Prof. Dr. B. Wohlrab; III. Chemische Beschaffenheit und Nährstofftransport von Bachwässern aus kleinen Einzugsgebieten unterschiedlicher Landnutzung im Nordhessischen Buntsandsteingebiet, Dr. M. Boneß, Prof. Dr. H.M. Brechtel, Dr. F. Lehnardt, 1983 - 324 S., 56 B., 63 T., broschiert.

Heft 58: Ermittlung des nutzbaren Grundwasserdargebots, Fachausschuß "Grundwassernutzung", 1982 - 2 Teilbände, 711 S., 149 B., 76 T., 1 Falttafel, broschiert.

Heft 59: Wasserbewirtschaftung, Vorträge der Fachtagung 1982 in Goslar, 1983 - 232 S., 84 B., 7 T., 14 Anlagen, broschiert.

Heft 60: Beiträge zum Bewässerungslandbau - I. Wasserinhaltsstoffe im Bewässerungswasser, Sammlung von Aufsatzkurzfassungen mit Auswertung nach Inhaltsstoffen und Bewässerungspflanzen, Prof. Dr. W. Achtnich, Prof. Dr.-Ing. H.-J. Collins, Prof. Dr.-Ing. F.J. Mock u.a.; II. Wirtschaftlichkeit der Beregnung, Auswertung von Erhebungen in Beregnungsbetrieben, Dipl.-Ing. M. Giay, LR Agraring. A. Jaep u.a., 1983 - 254 S., 17 B., 36 T., broschiert.

Heft 61: Beiträge zu tiefen Grundwässsern und zum Grundwasser-Wärmehaushalt - I. Tiefe Grundwässer, Bedeutung, Begriffe, Eigenschaften, Erkundungsmethoden, Fachausschuß "Grundwassererkundung"; II. Untersuchungen zur Temperaturbeeinflussung von Grundwasser, Ergebnisse einer Umfrageaktion, Fachausschuß "Transportvorgänge im Grundwasser", 1983 - 181 S., 30 B., 3 T., broschiert.

Heft 62: Beiträge zur Wahl des Bemessungshochwassers und zum vermutlich größten Niederschlag - I. Wahl des Bemessungshochwassers - Internationaler Vergleich; II. Berechnungsmethoden zur Bestimmung des "vermutlich größten Niederschlages" (PMP), Dipl.-Ing. E. Hauck, Karlsruhe; III. Arbeitsanleitung für die Ermittlung des "vermutlich größten Niederschlages" (PMP) mit Anwendungsbeispielen, Dipl.-Ing. E. Hauck, Karlsruhe; Bonn, 1983 - 261 S., 37 B., 10 T., 35 Anlagen, broschiert.

Heft 63: Wirbelbildung an Einlaufbauwerken, Luft- und Dralleintrag - Prof. Dr.-Ing. J. Knauss, Obernach, 1983 - 164 S., 19 B., 55 Anlagen, broschiert.

Heft 64: Großräumige wasserwirtschaftliche Planung in der Bundesrepublik Deutschland - I. Bestandsaufnahme und Analyse 1961 bis 1979; II. Beispiele aus dem Planungsraum des südlichen Oberrheins - Vorträge und Diskussionen des Kolloquiums vom 14. November 1983 in Bad Krozingen; 1984 - 258 S., 25 B., 34 T., broschiert.

Heft 65: Kurzfristige Wasserstands- und Abflußvorhersage am Rhein unter Anwendung ausgewählter mathematischer Verfahren - Dr. Klaus Wilke, Koblenz, 1984 - 274 S., 110 B., broschiert.

Heft 66: Projektbewertung in der wasserwirtschaftlichen Praxis, überarbeitete Beiträge zum Werkstattgespräch vom 21. April 1983 in Sommerhausen, 1984 - 54 B., 4 T., 2 Falttafeln, broschiert.

Heft 67: Querströmungen und Rückgabebauwerke an Wasserstraßen - I. Bisherige Praxis, Folgerungen und Empfehlungen aus neueren Untersuchungen; II. Naturversuche im Rhein am Großkraftwerk Mannheim; III. Verfahren zur Ermittlung von Querströmungseinflüssen auf die Schiffahrt; IV. Anordnung und Gestaltung von Rückgabebauwerken unter Berücksichtigung der Ausbreitungsvorgänge, 1984 - 162 S., 41 B., 3 T., 11 Anlagen, broschiert.

Heft 68: Spezielle Fragen zur Wassergüte in Oberflächengewässern, I. Untersuchungen über das Verhalten ausgewählter Schwermetalle in Gewässern von Rheinland-Pfalz und Hessen; II. Messung und Auswertung des biochemischen Sauerstoffbedarfs (BSB) und verwandter Parameter bei der Gewässerüberwachung, 1984 - 152 S., 31 B., 13 T., broschiert.

Heft 69: Fluß und Lebensraum - Beiträge zur DVWK-Fachtagung Oktober 1984 in Augsburg, 1984 - 270 S., 101 B., 3 T., broschiert.

Heft 70: Die Gefügemelioration durch Tieflockerung - I. Standortkundliche Voraussetzungen für die Gefügemelioration durch Tieflockerung im humiden Klima, II. Erfahrungen und Ergebnisse aus Tieflockerungen in Baden-Württemberg, III. Über die Entwicklungstendenz des Bodengefüges in tiefgelockerten Böden aus verschiedenen geologischen Substraten, IV. Einsatz und Auswirkung des Ahrweiler Meliorationsverfahrens in verdichteten Böden des Gemüse-, Obst- und Weinbaus, Bonn, 1985 - 303 S., 104 B., 53 T., boschiert.

Heft 71: Beiträge zu Oberflächenabfluß und Stoffabtrag bei künstlichen Starkniederschlägen - I. Der künstliche Starkniederschlag der transportablen Beregnungsanlage nach Karl und Toldrian; II. Oberflächenabfluß und Bodenerosion bei künstlichen Starkniederschlägen, III. Oberflächenabfluß und Stoffabtrag von landwirtschaftlich genutzten Flächen - Untersuchungsergebnisse aus dem Einzugsgebiet einer Trinkwassertalsperre, IV. Direktabfluß, Versickerung und Bodenabtrag in Waldbeständen, V. Einfluß der morpho-pedologischen Eigenschaften auf Infiltration und Abflußverhalten von Waldstandorten, Bonn, 1985 - 292 S., 61 B., 58 T., broschiert.

Heft 73: Bodennutzung und Nitrataustrag - Literaturauswertung über die Situation bis 1984 in der Bundesrepublik Deutschland - DVWK-Fachausschuß "Bodennutzung und Nährstoffaustrag", Bonn, 1985 - 245 S., 33 B., 38 T., broschiert.

Heft 74: Datensammlung zur Abschätzung des Gefährdungspotentials von Pflanzenschutzmittel-Wirkstoffen für Gewässer - Dipl.-Ing.agr. Christine Baier, Prof. Dr. Karl Hurle, Dr. Jochen Kirchhoff, Bonn, 1985 - 306 S., 1 T., broschiert.

Heft 75: Auswirkungen der Urbanisierung auf den Hochwasserabfluß kleiner Einzugsgebiete - Verfahren zur quantitativen Abschätzung - Dr.-Ing. Richard W. Harms, Bonn, 1986 177 S., 35 B., 7 T., 17 Anlagen, broschiert.

Heft 76: Anwendung und Prüfung von Kunststoffen im Erdbau und Wasserbau - Empfehlung des Arbeitskreises 14 der Deutschen Gesellschaft für Erd- und Grundbau e.V., Bonn, 1986 - 292 S., 98 B., 13 T., kartoniert.

Heft 77: Sanierung von Wasserbauten - Beiträge zum Symposium vom 12. bis 14. März 1986 in München, Bonn, 1986 - 592 S., 282 B., 11 T., kartoniert.

Heft 78: Wasser - unser Nutzen, unsere Sorge; Beiträge zur Fachveranstaltung am 2. Oktober 1986 in Schwäbisch Hall, Bonn, 1986 - 353 S., 100 B., 16 T., kartoniert.

Heft 79: Erfahrungen bei Ausbau und Unterhaltung von Fließgewässern - I. Verfahren und Kosten bei der naturnahen Gestaltung und Unterhaltung von Fließgewässern, II. Auswirkungen von Maßnahmen der Gewässerunterhaltung auf Gewässerlebensgemeinschaften, Bonn, 1987 - 298 S., 81 B., 20 T., 5 Falttafeln, 16 Anhangseiten, kartoniert.

Heft 80: Bedeutung biologischer Vorgänge für die Beschaffenheit des Grundwassers - DVWK-Fachausschuß "Grundwasserbiologie", Bonn, 1988 - 332 S., 91 B., 37 T., kartoniert.

Heft 81: Erkundung tiefer Grundwasser-Zirkulationssysteme - Grundlagen und Beispiele - DVWK-Fachausschuß "Grundwassererkundung", Bonn, 1987 - 235 S., 85 B., 7 T., kartoniert.

Heft 82: Statistische Methoden zu Niedrigwasserdauern und Starkregen - I. Ststistische Analyse der Niedrigwasserkenngröße Unterschreitungsdauer, II. Studie zur statistischen Analyse von Starkregen, Bonn, 1988 - 151 S., 32 B., 9 T., kartoniert.

D V W K - R E G E L N

(Hervorgegangen aus den DVWK-REGELN ZUR WASSERWIRTSCHAFT, Merkblätter - Empfehlungen - Richtlinien)

Format DIN A 4. Zu beziehen durch den Verlag Paul P a r e y , Hamburg und Berlin, Spitalerstr. 12, Postfach 106304, D-2000 Hamburg 1, Tel.: (040) 33969-0. Die Hefte 100, 102, 103 und 105 sind vergriffen.

Heft 101: Empfehlung zur Berechnung der Hochwasserwahrscheinlichkeit - KWK/DVWW-Arbeitsausschuß "Bemessungshochwasser", 2., bearbeitete Auflage, 1979 - 12 S., 4 B., 6 T., broschiert.

Heft 103: Richtlinien für den ländlichen Wegebau (RLW 1975) - KWK-Arbeitsgruppe "Ländliche Wege", Bonn, 1976 - 96 S., 26 B., 23 T., vergriffen.

daraus als selbständiger Teil weiter lieferbar:

Leistungsbeschreibungen für den Bau ländlicher Wege, Bonn, 1979 - 93 S., Ringbuchlochung, broschiert.

Heft 104: Richtlinie zur Verschlüsselung von Beschaffenheitsdaten in der Wasserwirtschaft und Empfehlung für deren elektronische Verarbeitung - KWK-Arbeitsausschuß "EDV in der Gewässergüte und -überwachung", Bonn, 1976 - 27 S., 9 Tafelseiten, broschiert.

Heft 106: Richtlinie für die Anwendung der elektronischen Datenverarbeitung im Pegelwesen - KWK-Arbeitsausschuß "EDV in der Gewässerkunde", Bonn, 1978 - 98 S., 70 Tafelseiten, broschiert.

Heft 107: Empfehlungen für bisamsicheren Ausbau von Gewässern, Deichen und Dämmen - KWK/DVWW-Arbeitsausschuß "Unterhaltung und Ausbau von Gewässern einschließlich Landschaftsgestaltung", Bonn, 2., durchgesehene Auflage, 1981 - 15 S., 4 B., broschiert.

Heft 108: Richtlinie für die Gestaltung und Nutzung von Baggerseen - KWK/DVWW-Arbeitsausschuß "Seen und Erdaufschlüsse", Bonn, 3., durchgesehene Auflage, 1983 - 15 S., 6 B., 2 T., broschiert.

Heft 109: Merkblatt zur Beurteilung der Niedrigwasseraufhöhung aus der Sicht der Wassergütewirtschaft - DVWK-Arbeitsausschuß "Einfluß wasserwirtschaftlicher Maßnahmen auf die Gewässerbeschaffenheit", Bonn, 1979 - 8 S., 5 B., broschiert.

Heft 110: Nährstoffaustrag aus landbaulich genutzten Böden - Merkblatt zur Planung und Durchführung der Probenahme und Konservierung der Wasserproben - DVWK-Fachausschuß "Bodennutzung und Nährstoffaustrag", Bonn, 1981 - 11 S., 1 T., 2 Anlagen, broschiert

Heft 111: Empfehlungen zu Umfang, Inhalt und Genauigkeitsanforderungen bei chemischen Grundwasseruntersuchungen - DVWK/FH-DGG-Arbeitsausschuß "Grundwasser-Chemie", Bonn, 1979 - 10 S., 5 T., broschiert.

Heft 112: Arbeitsanleitung zur Anwendung von Niederschlag-Abfluß-Modellen in kleinen Einzugsgebieten: Teil I: Analyse - DVWK-Fachausschuß "Niederschlag-Abfluß-Modelle", Bonn, 1982 - 37 S., 8 B., 16 Anlagen, broschiert.

Heft 113: Teil II: Synthese - DVWK-Fachausschuß "Niederschlag-Abfluß-Modelle", Bonn, 1984 - 40 S., 10 B., 1 T., 12 Anlagen, broschiert.

Katalog von Übertragungsfunktionen, Materialien zu den Heften 112 und 113 - Fachausschuß "Niederschlag-Abfluß-Modelle", 2 Bände, Bonn 1982 und 1988 - zusammen 570 S., broschiert.
(zu beziehen nur über die DVWK-Geschäftsstelle)

Heft 114: Empfehlungen zum Bau und Betrieb von Lysimetern - DVWK/FH-DGG-Fachausschuß "Grundwassererkundung", Bonn, 1980 - 57 S., 34 B., 3 T., broschiert.

Heft 115: Bodenkundliche Grunduntersuchungen im Felde zur Ermittlung von Kennwerten meliorationsbedürftiger Standorte:
Teil I: Grundansprache der Böden - DVWK-Fachausschuß "Bodenuntersuchungen", Bonn, 1980 - 21 S., 3 B., 17 T., broschiert.

Heft 116: Teil II: Ermittlung von Standortkennwerten mit Hilfe der Grundansprache der Böden - DVWK-Fachausschuß "Standort und Boden", Bonn, 1982 - 20 S., 21 T., broschiert.

Heft 117: Teil III: Anwendung der Kennwerte für die Melioration - DVWK-Fachausschuß "Standort und Boden", Bonn, 1986 - 24 S., 1 B., 19 T., broschiert.

Heft 118: Merkblatt zur Fernübertragung wasserwirtschaftlicher Daten mit dem D 20 P - Modemsystem - DVWK-Arbeitskreis "Schnittstellen" des Fachausschusses "EDV in der Wassergütewirtschaft", Bonn, 1980 - 20 S., 7 B., 8 T., 2 Anhangseiten, broschiert.

Heft 119: Meßketten und Schnittstellen für die Erfassung gewässerkundlicher Daten in Meßstationen - DVWK-Arbeitskreis "Schnittstellen" des Fachausschusses "EDV in der Wassergütewirtschaft", Bonn, 1981 - 27 S., 12 B., 20 T., broschiert.

Heft 120: Niedrigwasseranalyse, Teil I: Statistische Untersuchung des Niedrigwasser-Abflusses - DVWK-Fachausschuß "Niedrigwasser", Bonn, 1983 - 24 S., 5 B., 5 T., broschiert.

Heft 122: Ermittlung der Stoffdeposition in Waldökosysteme - DVWK-Fachausschuß "Wald und Wasser", Bonn, 1984 - 9 S., broschiert.

Heft 123: Niederschlag - Aufbereitung und Weitergabe von Niederschlagsregistrierungen - I. Prüfung, Korrektur und Ergänzung, II. Digitalisierung, III. Einheitliche Schnittstelle bei der Weitergabe der digitalisierten Daten - LAWA-ad hoc-Arbeitskreis "Niederschlagsauswertung", Bonn, 1985 - 26 S., 6 B., broschiert.

Heft 124: Niederschlag - Starkregenauswertung nach Wiederkehrzeit und Dauer, DVWK-Fachausschuß "Niederschlag", Bonn, 1985 - 41 S., 17 B., 16 T., broschiert.

Heft 125: Schwebstoffmessungen - DVWK-Fachausschuß "Geschiebe und Schwebstoffe", Bonn, 1986 - 52 S., 30 B., 1 T., 12 Anlagen, broschiert.

Heft 126: Niederschlag - Anweisung für den Beobachter an Niederschlagsstationen (ABAN 1988) - in Vorbereitung, III. Quartal 1988

DVWK - MERKBLÄTTER

Format DIN A 4. Zu beziehen durch den Verlag Paul P a r e y , Hamburg und Berlin, Spitalerstr. 12, Postfach 106304, D-2000 Hamburg 1, Tel.: (040) 33969-0.

Heft 200: DVWK-Regelwerk, Grundsätze - Fachausschuß "Veröffentlichungen und Öffentlichkeitsarbeit", Bonn, 1982 - 8 S., broschiert.

Heft 201: Meßstationen zur Erfassung der Wasserbeschaffenheit in Fließgewässern, Einsatz, Bau und Betrieb - Fachausschuß "Gewinnung und Auswertung von Beschaffenheitsdaten", Bonn, 1982 - 15 S., 5 B., broschiert.

Heft 202: Hochwasserrückhaltebecken, Bemessung und Betrieb - Fachausschuß "Hochwasserrückhaltebecken", Bonn, 1983 - 42 S., 9 B., 2 T., 5 Anlagen, broschiert.

Heft 203: Entnahme von Proben für hydrogeologische Grundwasser-Untersuchungen - Fachausschuß "Grundwasserchemie", Bonn, 1982 - 32 S., 21 B., 3 T., broschiert, vergriffen (englische Übersetzung als Teil I in DVWK-Bulletin No. 15 noch erhältlich).

Heft 204: Ökologische Aspekte bei Ausbau und Unterhaltung von Fließgewässern - Fachausschuß "Unterhaltung und Ausbau von Gewässern", Bonn, unveränderter Nachdruck, 1986 - 188 S., 129 Farbfotos, 85 B., 57 Karten, broschiert.

Heft 205: Beregnungsbedürftigkeit - Beregnungsbedarf, Modelluntersuchung für die Klima- und Bodenbedingungen der Bundesrepublik Deutschland - Fachausschuß "Bewässerung", Bonn, 1984 - 47 S., 9 B., 16 Anlagen, 8 Karten, broschiert.

Heft 206: Voraussetzungen und Einschränkungen bei der Modellierung der Grundwasserströmung - Fachausschuß "Grundwasserhydraulik und -modelle", Bonn, 1985 - 33 S., 11 B., 1 T., broschiert.

Heft 207: Gewässerprofile, Anwendung der elektronischen Datenverarbeitung - Fachausschuß "EDV in der Gewässerkunde", Bonn, 1985 - 25 S., 1 B., 13 Anlagen, broschiert.

Heft 208: Beweissicherung bei Eingriffen in den Bodenwasserhaushalt von Vegetationsstandorten - Fachausschuß "Nutzung und Erhaltung der Kulturlandschaft", Bonn, 1986 - 30 S., 5 B., 5 T., kartoniert.

Heft 209: Wahl des Bemessungshochwassers - DVWK-Fachausschuß "Bemessungshochwasser" - in Vorbereitung, 2. Quartal 1988.

Heft 210: Flußdeiche - DVWK-Fachausschuß "Flußdeiche", Bonn, 1986 - 48 S., 33 B., 2 T., kartoniert.

Heft 211: Ermittlung des Interzeptionsverlustes in Waldbeständen bei Regen - DVWK-Fachausschuß "Wald und Wasser", Bonn, 1986 - 15 S., 7 B., 3 Berechnungsbeispiele, kartoniert.

Heft 212: Filtereigenschaften des Bodens gegenüber Schadstoffen Teil I: Beurteilung der Fähigkeit von Böden, zugeführte Schwermetalle zu immobilisieren - DVWK-Fachausschuß "Standort und Boden", Bonn, 1988 - 12 S., 15 T., kartoniert.

Heft 213: Sanierung und Restaurierung von Seen - DVWK-Fachausschuß "Seen und Erdaufschlüsse" - in Vorbereitung, 2. Quartal 1988.

DVWK - FORTBILDUNG

Format DIN A 5. Zu beziehen über die DVWK-Geschäftsstelle, Gluckstraße 2, 5300 Bonn 1, Tel.: (0228) 631446. Die Hefte 1 bis 6 und Heft 8 bis 10 sind vergriffen.

Heft 7: 13. Seminar: Ausbreitung von Schadstoffen im Grundwasser - Prof. Dr.-Ing. Mull, Dr.-Ing. Battermann, Dr.-Ing. Boochs, 1979 - 183 S., 68 B., kartoniert.

Heft 11: Fortbildung in der Wassserwirtschaft, Ergebnisse der Arbeitstagung in Lochau 1982, zusammengefaßt von Dipl.-Ing. K. Rickert, Bonn, 1983 - 100 S., 7 B., 5 T. kartoniert, vergriffen.

Heft 12: Weiterbildung in der Wasserwirtschaft - I. Arbeitstagung im Landesbildungszentrum Schloß Hofen in Lochau (Österreich), 1984; II. Informationsveranstaltung in Hannover, 1983; III. Kolloquium "Transfer von Wissen in Entwicklungsländer" in Hannover, 1985 - 114 S., 16 B., 6 T., 19 Anlagen, kartoniert.

Heft 13: 28. Seminar: Grundlagen der naturnahen Regelung bestehender Gewässer - Dr.-Ing. R. Anselm, D. Popp, H. Reusch, Dr.-Ing. K. Rickert, H.-Ch. von Steinaecker, 1988 - 149 S., 43 B., 5 T., 9 Anlagen, kartoniert.

Heft 14: Aus- und Weiterbildung in der Wasserwirtschaft - Arbeitstagung 1986 im Landesbildungszentrum Schloß Hofen in Lochau (Österreich), 1987 - 181 S., 14 B., 13 T., 37 Anlagen, kartoniert.

(In dieser Reihe werden auch die Studienführer und Studienbriefe des Weiterbildenden Studiums "Hydrologie - Wasserwirtschaft" publiziert.)

D V W K - B u l l e t i n

(Die Reihe enthält Übersetzungen deutscher Arbeiten ins Englische oder Französische).

Format DIN A 5. Herausgeber: German Association for Water Resources and Land Improvement. Zu beziehen über den Verlag Paul P a r e y , Spitalerstr. 12, 2000 Hamburg 1 und über die DVWK-Geschäftsstelle, Gluckstr. 2, 5300 Bonn 1. Die Hefte 1 bis 6 und 11 bis 14 sind vergriffen.

No. 6: Subsurface Drainage Instructions - Prof. Dr. Rudolf Eggelsmann, 2nd completely revised edition, Bonn, 1987 - 352 pages, 155 figures, 62 tables, carton cover.

No. 7: Hydraulic Modelling - Editor H. Kobus, Stuttgart - Translation Heft 39 of the DVWK-Schriften, 1980 - 339 pages, 170 figures, carton cover.

No. 8: Man and Technology in Irrigated Agriculture, Irrigation Symposium 1982 in Bensheim/Bergstraße, 1983 - 259 pages, 15 figures, 15 tables, carton cover

No. 9: Traditional Irrigation Schemes and Potential for their Improvement, Irrigation Symposium Kongreß Wasser Berlin 1985, edited by Josef F. Mock, 1985 - 251 pages, 57 figures, 12 tables, 4 maps, carton cover.

No. 10: Iron Clogging in Soils and Pipes - Analysis and Treatment - H. Kuntze, Bremen - Translation from Heft 32 of the DVWK-Schriften, 1982 - 147 pages, 28 figures, 31 tables, carton-cover.

No. 15: Water Sampling and Chemical Analysis for Groundwater Investigations - I. Collection of Samples for Hydrogeological Groundwater Assessment, II. Chemical Analysis of Groundwater, Recommendations on Scope and Required Accuracy, Bonn, 1985 - 96 pages, 23 figures, 3 tables, carton cover.

D V W K - M i t t e i l u n g e n

Format DIN A 5. Zu beziehen über die DVWK-Geschäftsstelle, Gluckstr. 2, 5300 Bonn 1, Tel.: (0228) 631446. Die Hefte 2 bis 6, 8, 11 und 13 (DVWK-Jahresberichte) sind vergriffen.

Heft 1: Wasserwirtschaftliche Systeme, Vorträge und Diskussionen des DVWK/IHP-Workshops vom 29./30. September 1980 in Bochum, 1981 - 146 S., 21 B., 3 T., kartoniert.

Heft 7: Schneehydrologische Forschung in Mitteleuropa - Snow Hydrologic Research in Central Europe - Zusammengestellt von Horst-Michael Brechtel, Vorträge und Poster der Wissenschaftlichen Tagung vom 12. bis 15. März 1984 in Hann.Münden, 1984 - 650 S., 179 B., 60 T., 26 deutsche und 10 englische Beiträge, kartoniert.

Heft 9: Hydromechanische Einflußfaktoren auf das Transportverhalten kontaminierter Schwebstoffe in Flüssen, Dr.-Ing. Bernhard Westrich, Stuttgart, 1985 - 65 S., 16 B., kartoniert.

Heft 10: Ökonomische Bewertung von Hochwasserschutzwirkungen, Arbeitsmaterialien zum methodischen Vorgehen, DVWK-Fachausschuß "Wirtschaftlichkeitsfragen in der Wasserwirtschaft", 1985 - 92 S., 13 B., 4 T., 7 Anhangtafeln, kartoniert.

Heft 12: In der Bundesrepublik Deutschland angewandte wasserwirtschaftliche Simulationsmodelle, DVWK-Fachausschuß "Optimierungsverfahren wasserwirtschaftlicher Systeme", 1987 - 296 S., 10 B., 34 T., kartoniert.

Heft 14: Ergebnisse von neuen Depositionsmessungen in der Bundesrepublik Deutschland und im benachbarten Ausland - DVWK-Fachausschuß "Inhaltsstoffe im Niederschlag", 1988 - 142 S., 19 B., 29 T., kartoniert.

(In dieser Reihe werden auch das Mitgliederverzeichnis und die jährlich erscheinenden Jahresberichte und Veranstaltungskalender herausgegeben.)

Weitere Veröffentlichungen des DVWK

Zu beziehen über die DVWK-Geschäftsstelle, Gluckstr. 2, 5300 Bonn 1, Tel.: (0228) 631446.

Fachwörterbuch für Bewässerung und Entwässerung - Englisch-Deutsch-Französisch mit spanischem Stichwortverzeichnis - 2., erweiterte Auflage, Bonn - 1984, Format 16 x 24 cm, 1010 S., rd. 12.000 Begriffe, rd. 315 Bilder, Fadenheftung und Plastikeinband.

Zu beziehen durch den Verlag Konrad Wittwer GmbH, Postfach 147, 7000 Stuttgart 1:

Historische Talsperren - Bearbeiter Prof. Dr.-Ing. G. Garbrecht, Braunschweig, 1987 - 20 Beiträge mit 472 S., 358 B., davon 108 vierfarbig, 46 T., gebunden, mit vierfarbigem Schutzumschlag (Vorzugspreis für DVWK-Mitglieder, nur bei Bestellung über den DVWK).

Zu beziehen durch den Verlag Paul Parey, Hamburg und Berlin, Spitalerstr. 12, 2000 Hamburg 1:

Pegelvorschrift - herausgegeben von der Länderarbeitsgemeinschaft Wasser (LAWA) und dem Bundesminister für Verkehr (BMV) - Stammtext + Anlage B, C, E und F im Leitz-Ordner - 3. Auflage 1978, 1985 - 238 S., 16 B., 4 T., 29 Muster.

Zu beziehen durch Prof. Dr. H.M. Brechtel, Institut für Forsthydrologie der Hessischen Forstlichen Versuchsanstalt, 3510 Hann.-Münden 1:

Literatursammlung "Landnutzung und Wasser" - Dr. H.M. Brechtel, Hann.-Münden, 1976 - DIN A 4 (Querformat), Loseblattsammlung, 400 S., ca. 5.000 Titel
Fortschreibung 1977 - 182 S., ca. 1.700 Titel
Fortschreibung 1978 - 130 S., ca. 1.000 Titel
Fortschreibung 1979/80 - 150 S., ca. 1.200 Titel
Fortschreibung 1981/84 - 80 S., ca. 1.000 Titel
Fortschreibung 1984/87 - 90 S., ca. 1.400 Titel.

Zu beziehen durch Dr. H.G. Mendel, Bundesanstalt für Gewässerkunde, Postfach 309, 5400 Koblenz:

Literatursammlung "Wasserstands- und Abflußvorhersage" - DVWK-Fachausschuß "Wasserstands- und Abflußvorhersage", 1981 - DIN A4 (Querformat), Loseblattsammlung, 151 S., ca. 1.100 Titel.

Zu beziehen durch Dr. K.-R. Nippes, Institut für Physische Geographie, Werderring 4, 7800 Freiburg:

Literatursammlung "Wasserwirtschaftliche Meß- und Auswerteverfahren für Trockengebiete", Fachausschuß "Wasserwirtschaftliche Untersuchungen in semiariden Gebieten", 1985 - DIN A4, ca. 600 Titel.

Zu beziehen von Prof. Dr. W. Burghardt, Universität-Gesamthochschule Essen, Postfach 103 764, 4300 Essen 1:

Dokumentation Dränfilter - DVWK-Fachausschuß "Dränung", zusammengestellt von Wolfgang Burghardt und Hans Karge, Stand: Dezember 1985, Bonn, 1986 - DIN A4, 47 S., 47 Titel.

Zu beziehen durch den F. Hirthammer Verlag GmbH, Frankfurter Ring 247, 8000 München 40:

Ermittlung von Gewässergütedefiziten mit Hilfe leicht identifizierbarer biologischer Indikator-Gruppen - Dr. Harald Buck, Stuttgart, 1986 - 24 S., 13 B., 2 T., Format 10 x 21 cm.

Zu beziehen durch das Institut für Wasserbau und Wasserwirtschaft, Technische Universität Berlin, Straße des 17. Juni 142 bis 144, 1000 Berlin 12:

Talsperren in der Bundesrepublik Deutschland - Bearbeiter Prof. P. Franke, Dipl.-Ing. W. Frey, Herausgeber Nationales Komitee für Große Talsperren in der Bundesrepublik Deutschland (DNK) und DVWK, 1987 - 404 Seiten, 374 B., 64 Farbfotos, 63 Tabellen, gebunden.